有趣的科学——有趣的进化

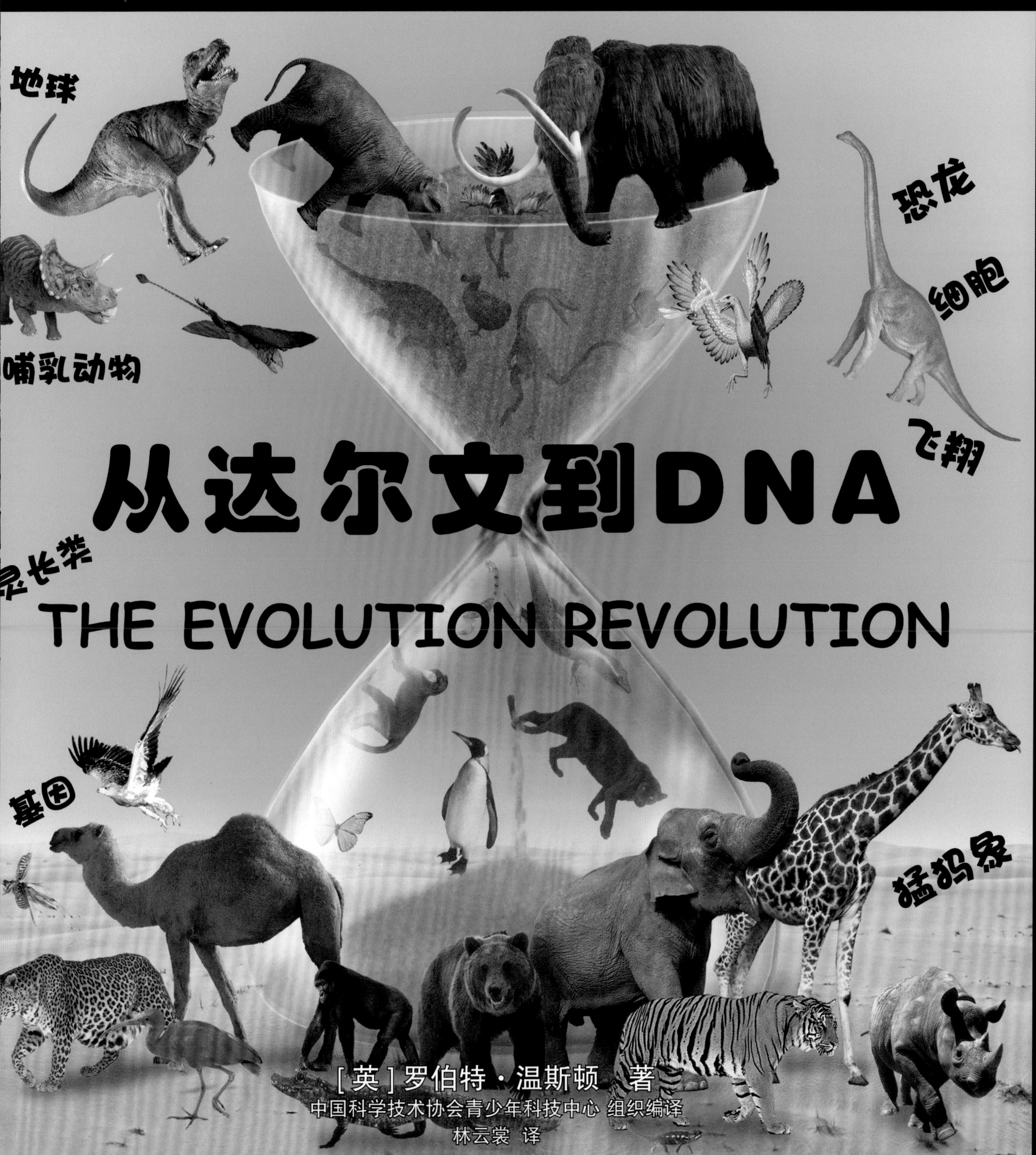

从达尔文到DNA

THE EVOLUTION REVOLUTION

[英]罗伯特·温斯顿 著
中国科学技术协会青少年科技中心 组织编译
林云裳 译

科学普及出版社
·北　京·

Original title: THE EVOLUTION REVOLUTION

著作权合同登记号：01-2013-3765

图书在版编目 (CIP) 数据

有趣的进化：从达尔文到DNA / [英] 温斯顿著；
林云裳译. -- 北京：科学普及出版社，2013.5（2024.8重印）
（有趣的科学）
书名原文：THE EVOLUTION REVOLUTION
ISBN 978-7-110-08225-6
Ⅰ. ①有… Ⅱ. ①温… ②林… Ⅲ. ①进化—青年读物
②进化—少年读物 Ⅳ. ① Q11-49
中国版本图书馆CIP数据核字（2013）第081921号

策划编辑：肖 叶
责任编辑：邓 文 王 帆
图书装帧：金彩恒通
责任校对：张林娜
责任印制：徐 飞

科学普及出版社出版
http://www.cspbooks.com.cn
北京市海淀区中关村南大街 16 号
邮政编码：100081
电话：010-62173865 传真：010-62173081
中国科学技术出版社有限公司发行
北京华联印刷有限公司承印

开本：635 毫米 × 965 毫米 1/8
印张：12 字数：150 千字
2013 年 5 月第 1 版 2024 年 8 月第 12 次印刷
ISBN 978-7-110-08225-6/Q·127
印数：75001—80000 册 定价：49.80 元

www.dk.com

一直以来，进化论被称为是世界上最伟大的科学思想。在生物学领域——对动植物的研究——没有任何观点能与查尔斯·达尔文有关进化的思想相比。尽管种类繁多的动物都是由早期的动物演化而来的这一基本观点不是全新的，但达尔文的学说使得这一理论得以确立。

达尔文认为，万物都是从形态更原始的生命演化而来，这就决定了进化过程要数百万年才会发生微小变化。他还解释了这是怎样一个对环境的渐进反应。如果一个动物或植物物种不能适应不利的环境，它和它的后代终将消亡。

达尔文的思想曾引起怀疑、批评和愤怒。150多年后，世界上某些地区对他的学说仍然存在争议。人类和猿有共同祖先这一观点并不容易被接受。

人们越是深入研究生物学，就越是感到达尔文的学说经得起时间考验。进化解释了我们是如何出现的，以及如何融入周围世界的。这些知识可以帮助我们理解疾病和健康，以及我们的情感和直觉。最重要的是，丰富了我们人类是如此接近其他生命体的认知，使我们更加尊重这神奇的地球上所有的生命形式。

Robert Winston.

罗伯特·温斯顿

目录

改变了世界的书

地球上为什么有生命？我们是从哪里来的？**几千**年来人们曾试图回答这些问题。1858年，查尔斯·达尔文发表了他的**自然选择学说**，解释**生命**在地球上是如何演化的。次年，达尔文完成了《**物种起源**》这一著作，此书的问世**改变了世界**。它挑战了**人类** 的地位，并引发了时至今日有关**物种**进化的辩论。

I HABITS OF A DIODON 13

the limits of the tidal waves; and as the rivulet slowly trickles down, the surf must supply the polishing power of the cataracts in the great rivers. In like manner, the rise and fall of the tide probably answer to the periodical inundations; and thus the same effects are produced under apparently different but really similar circumstances. The origin, however, of these coatings of metallic oxides, which seem as if cemented to the rocks, is not understood; and no reason, I believe, can be assigned for their thickness remaining the same.

DIODON MACULATUS (DISTENDED AND CONTRACTED).

One day I was amused by watching the habits of the Diodon antennatus, which was caught swimming near the shore. This fish, with its flabby skin, is well known to possess the singular power of distending itself into a nearly spherical form. After having been taken out of water for a short time, and then again immersed in it, a considerable quantity both of water and air is absorbed by the mouth, and perhaps likewise by the branchial orifices. This process is effected by two methods: the air is swallowed, and is then forced into the cavity of the body, its

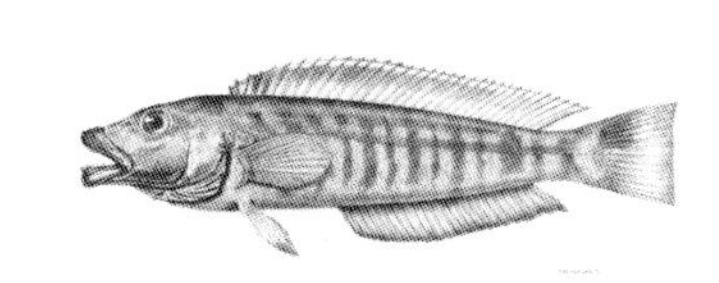

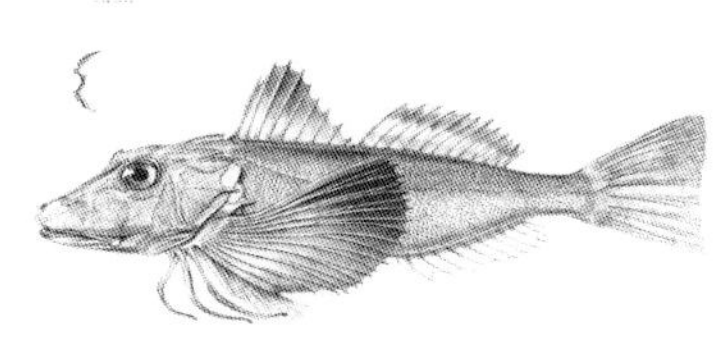

“当地球由于**万有引力定律**不停转动时，最美丽和最奇异的类型从如此**简单**的始端，过去曾经而且现今还在**进化着**。”

——查尔斯·达尔文（1858）

“**自然界的斗争**不是无休止的，**死亡**只在一瞬间，健壮的及幸运的个体才能生存下来并**繁衍生息**。”

——查尔斯·达尔文（1859）

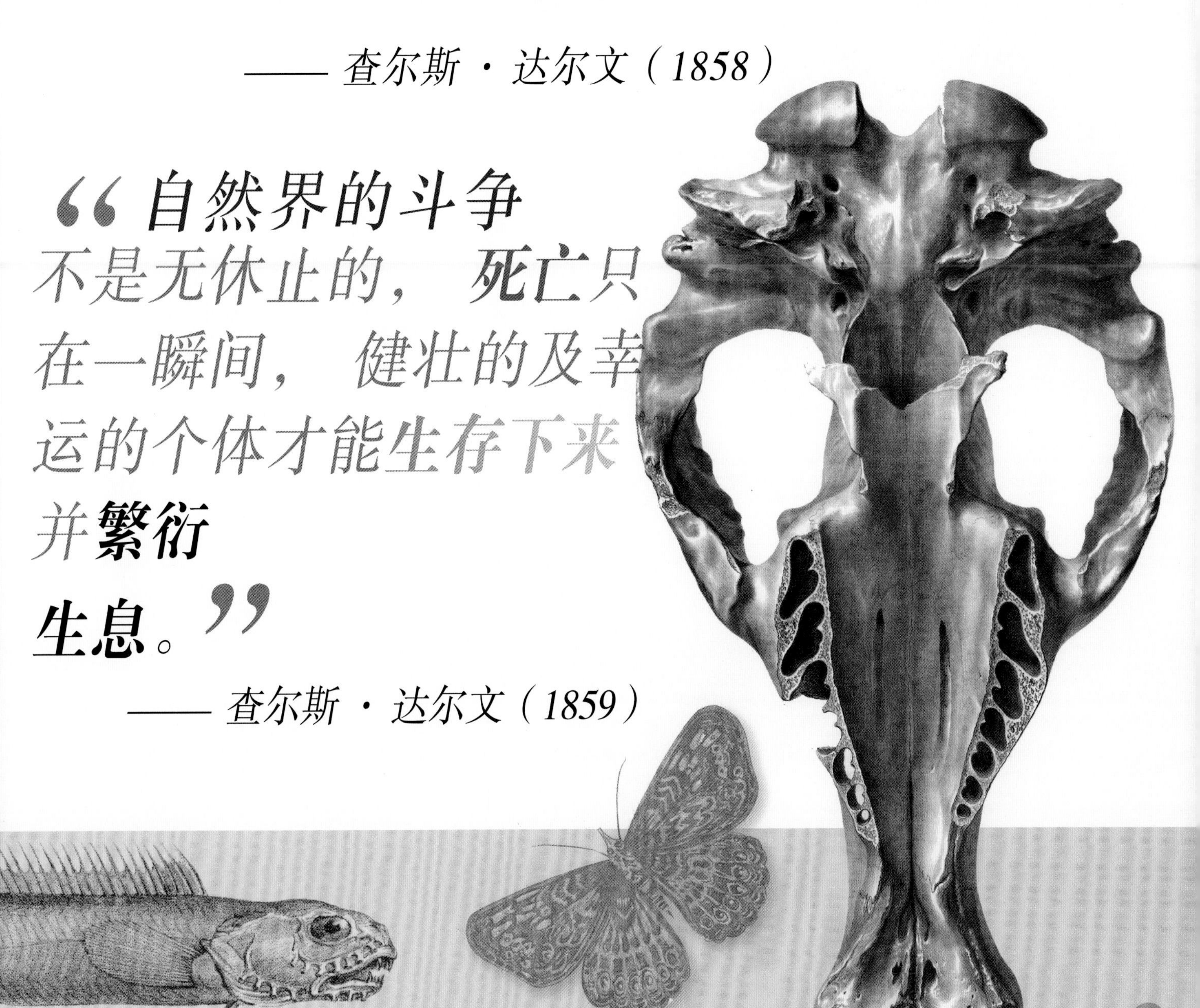

人们说我们是恐龙的后代，这是因为我们的腿有鳞状表皮。
我们长颈类的，肯定处在进化阶梯的上端。
显然，有些人认为“进化”是不可思议的。

寻找答案

你可曾停住脚步，
注视一下昆虫，
凝视一会儿花朵，
聆听一阵鸟鸣？

万物为何会
如此完美地适应
自己所处的环境？

你可曾惊叹
怎么会有如此众多不同种
类的动物和植物？

*你已不是第一个思考
这些问题的人。人类一直疑惑并
质疑了数百年，
并且试图解开其中最大的
秘密：我们是怎样被
创造出来的？*

嘿！蝾螈，
我听说你来历
不凡？

万物的故事

在闪烁的篝火旁，生活在很久以前的人们试图解释动物、植物和人类是怎样被创造出来的。在世界各地，人们的故事各不相同，有的说是上帝创造了生命，也有的说是许多神灵创造了生命，而且这些传说被代代相传。

希腊神话

根据古希腊传说，月桂树是达芙妮女神在躲避太阳神阿波罗的追逐时变成的，达芙妮筋疲力尽大叫着奔向大地女神盖娅，盖娅把达芙妮变成了月桂树。

达芙妮变成了月桂树。

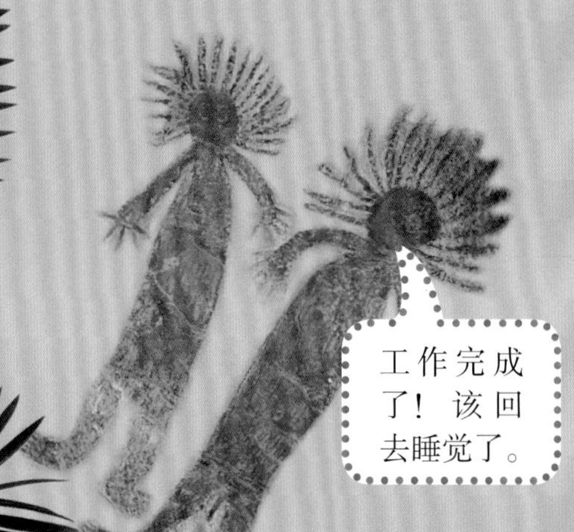

梦幻时代

澳大利亚原住民认为，所有生命形式的祖先，沉睡在地壳下面。当他们苏醒时，徘徊于大地，呼唤万物形成并教会他们如何生活。

开始时……

我想来点儿音乐。

梵天

梵天——印度教的创造之神，坐在浩瀚而黑暗的海洋上，用莲花创造了世界和万物。他给予植物感觉，给予所有动物触觉和嗅觉，并使它们能看、能听、能行走。

莲花

太平洋的传说

在一些太平洋岛屿上居住的古人，那里流传着第一个人是由鸟头神或海龟下的蛋孵化出来的故事。

臭鼬

伊甸园

《圣经》的第一篇《创世记》中讲述上帝用了6天创造出一切。每一种动物都是为某种特定目的而完美地、独立地创造的。上帝按照自己的形象创造了亚当和夏娃，所以他们与动物不同，被给予了更重要的作用。在西欧，这个根深蒂固的宗教信仰，影响了科学思维许多年。

神灵

有一个美洲北部原住民的传说，讲述了一位美丽但愚蠢的白发姑娘，有一天她粗暴地嘲笑一位长相奇怪的男子。这位男子其实是一位了不起的神。愤怒的神把少女变成了一只臭鼬。她美丽的头发变成了臭鼬背上一条白色的毛皮，她成了世界上第一只臭鼬。

詹姆斯·厄舍尔（1581—1656）

创造日

在仔细计算了《圣经》中提到人物的年龄后，詹姆斯·厄舍尔，这位爱尔兰大主教，确信《圣经》创造日的确切日期是公元前4004年10月23日，星期日。这一推算使得地球的历史不超过6 000年。

争论开始……

秩序！秩序！一切都需要秩序。

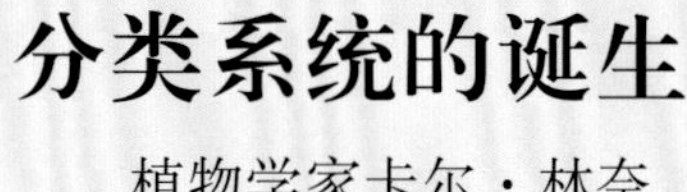

分类系统的诞生

植物学家卡尔·林奈，将所有已知生物物种进行了分类，把它们排成了一个“上帝创造物的神圣秩序”。他设计了一个分类系统，将生物分为界、纲、目、科、属、种。他用两个拉丁词或希腊词对每种植物和动物进行命名，组成属名和种名。这一命名法被科学家一直沿用至今。他把人命名归为“*Homo sapiens*”，意思是“智人”。

卡尔·林奈
(1707—1778)

G.L.L. 布
(1707—1

1735年

1749年

种	智人
属	人属
科	人科
目	灵长目
纲	哺乳纲
界	动物界

林奈将我们与猿类归为一组。

那是上帝的意图吗？

布丰的自然法则

G.L.L. 布丰撰写了长达 44 卷的《自然史》。这部巨著于 1749 年到 1804 年完成，但只出版了其中的几部。布丰提出，万物都是通过作用于环境中的自然法则，从共同的祖先演化而来的。令人震惊！他是在挑战《圣经》中《创世记》的故事。由于拿不出令人信服的证据，无法为自己被视为反对上帝的观点辩护，布丰最后被迫公开撤回了自己的观点。

18世纪的植物学家和博物学家，*将植物分类并进行了观察，且研究了脊椎动物和无脊椎动物*。一些科学家开始*质疑和挑战*“所有物种都是上帝按照它们现在的样子创造出来”的这一当时广为流行的论断。有关物种进化的议论，掀起了激烈的争论。

布丰的学生，谢瓦利埃·德·拉马克，是第一位自信地、公开地发表进化论的人。他提出，万物是在两股“力量”互相驱动的过程中变化的。

终于有触角了！

拉马克认为，两种力量都涉及的变化是因为细微的液体。这些液体在生物体内流动，产生移动和变化。例如，蜗牛视力不好，拉马克设想一个没有触角的原始蜗牛试图凭感觉找到方向。这样做时，“大量的神经液及其他液体”将被送往头的前部，从而产生出延长的触角。

谢瓦利埃·德·拉马克（1744—1829）

1809年 但拉马克的想法随即就受到了批评、攻击和诽谤。

如果他的有关继承已获得特征的观点是正确的，那么专业举重运动员的孩子岂不生来就有隆起的肌肉？

拉马克的变化力量

力量1 万物都是从简单的生物体开始，通过逐渐的变化，发展成更复杂和更完善的生物体。拉马克认为，人类已经达到了完善。他还提出，简单的生物体是不断地由非生命物质“自然发生”产生的，比如湿稻草。（后来，法国微生物学家路易斯·巴斯德，煮了一些稻草，但什么也没有产生出来。）

力量2 为了适应生存环境，动物在其一生会发生身体变化。有益的变化将会遗传给它们的后代。经常使用或不经常使用一种器官，都会造成变化。例如，因为要伸长脖子吃到树上的树叶，长颈鹿的脖子因此变得更长。

化石之谜

自古以来，化石的发现就使人着迷。开始时，人们奇怪它们是什么，有没有神通？当人们明白了化石来自生物的遗体后，便不禁又要问为什么会在山顶上发现那么多的海洋生物化石？在找到符合《圣经》的答案后，大型动物化石的发现，又迫使人们重新思考这些问题。

根据《圣经》故事，大洪水时期，诺亚将每种动物物种都带到了他的方舟上。

大洪水论

直到18世纪末，大洪水论仍是一个广为流传的说法。这一说法认为，地球表面如《圣经》上所记载，是在下了40个昼夜的大雨所形成的大洪水时期被重新构造的。所有化石都是由那个时期被淹死的动物所形成的。升高的水位将海洋生物带到山顶，洪水退去后，把它们留在了那里。

1817年

变成化石的沧龙牙齿

大型动物化石

18世纪时期，一些大型动物的化石被发现，包括沧龙，一类巨大的海洋爬行动物。人们相信，诺亚拯救的动物肯定仍然存在。但它们现在都在哪里呢？它们是如此之大，即使是在尚未考察的区域，这些庞大的动物也无法隐藏自己。

灭绝构想

在对巴黎周边发现的化石进行了研究之后，博物学家乔治·居维叶得出结论，这些化石都已存在几十万年了。这一结论增加了地球的年龄，远远超过了先前公认的6 000年。居维叶还指出，这些化石看起来不像任何仍然存在的生物，所以，这些生物现在肯定都已***灭绝***了。

乔治·居维叶
（1769—1832）

灾变论

因其聪明才智受到许多人仰慕的乔治·居维叶，从他的化石和自然史的研究中得出结论：经过一系列***重大灾难***——最后一次是《圣经》中记载的大洪水，地球发生了显著的改变。他认为，其他的洪水泛滥、地震、气候急剧变化等造成了先前的灾变。

居维叶错了，我是正确的。这些毁坏了的支柱上的水印证明，在过去的2 000年里，陆地曾陷落到海平面以下，然后又被慢慢地推高了。

古老的岩石

地质学家查尔斯·莱尔，迷上了岩石，他的观点与居维叶的灾变论完全相反。他指出，地层在过去的改变，是由一些现今可观察到的***逐渐变化造成的***。在他的著作《地质学原理》的第一页，莱尔选择了版画《古老的塞拉皮斯神殿》。

古老的塞拉皮斯神殿

查尔斯·莱尔
（1797—1875）

1830年 1831年

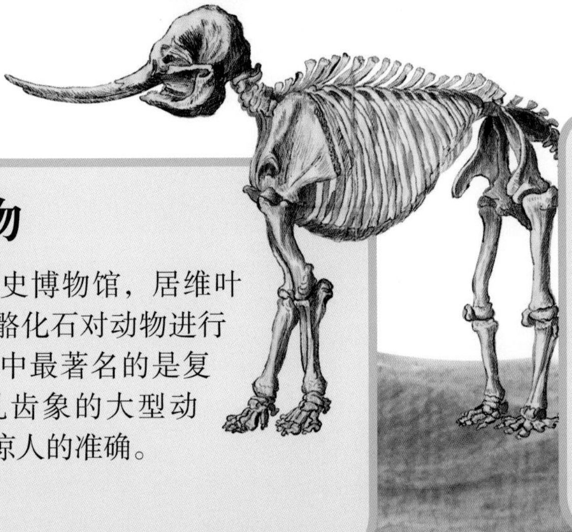

复原大型动物

在巴黎的自然历史博物馆，居维叶因为能根据少数的骨骼化石对动物进行整体复原而闻名。其中最著名的是复原大象般的被称为乳齿象的大型动物。居维叶的复原是惊人的准确。

影响一生的航行

1831年，年轻的博物学家，查尔斯·达尔文参加了英国皇家军舰“贝格尔号”历时五年的环球考察航行。他带上了莱尔的书，在整个航行中，考察了岩层并经历了地震，这些都使达尔文确信，莱尔关于地层的改变是逐渐形成的论断是正确的。

嗯……有些人不会喜欢我的想法。不到万无一失的地步，我是不会发表的。

革　命！

航海归来，**达尔文的进化学说**逐渐形成。但考虑到**拉马克**和其他人的经历，没有确凿的证据，达尔文是不会轻易发布的。于是，他开始着手进一步的研究。又过了**20年**，达尔文才发表了震撼整个科学界的自然选择学说。

达尔文的大思路

自然选择是基于三种情况发生作用的：

1 变异

一个物种中的所有个体都有着不同的特点或变异。个体繁殖的数量多于存活到成年的数量。

我们各自略有不同，但我有最大的耳朵和最厚的皮毛。所以，我的听觉最敏锐，而且最能保持体温。

1859年

1860年

出版

《物种起源》于1859年出版，是达尔文学说的“摘要”或梗概，其中讲述了物种是如何通过他称之为“自然选择”的过程进化的。他打算之后写一本更详细的书，但最终未能实现。

威尔伯福斯

赫胥黎

争论

七个月后，英国科学促进协会在牛津大学博物馆召集备受尊敬的科学家和哲学家开会，辩论自然生物是否得到进化。坚决赞成的是生物学家托马斯·赫胥黎，而极力反对的是塞缪尔·威尔伯福斯主教。会议在吵闹中结束。

这只灵缇犬被训练出极好的视力和惊人的跑动速度。

人工选择

达尔文从植物和动物的育种工作者那里学到了很多，这些育种工作者了解植物和动物个体间的微小变异。狗的育种工作者会选择一种理想的特征，并使两只具有这种理想特征的狗交配。所生的具有这种被选择特征的小狗将被挑选出来进行再培育。经过许多代，该特征将变得更加明显。达尔文认识到，类似的过程也在野生环境中发生。

2 竞争

有如此众多的个体相互竞争，它们之间微小的变异使有些个体在它们的生存环境中获得比其他个体更好的生存机会。

谁存活？
*自然*决定！

3 遗传

有些变异因为更成功，会比其他变异更经常发生。经过许多代，就能看出明显的改变或适应。随着时间的推移，这些改变可能会导致产生*新的物种*。

达尔文出版了更多的书。

1871年

达尔文继续出版图书，论述自然选择是如何进行的。在**《人类的由来》**一书中，达尔文证明，人类与猿类有共同的祖先。

1872年

达尔文引起科学家对动物行为的兴趣，他在**《人类和动物的表情》**一书中提出，人类与动物的情感表达方式之间有联系。

1880年

在**《植物的运动本领》**一书中，达尔文解释了攀缘植物向上生长以便获得更多阳光的能力是如何演化来的。

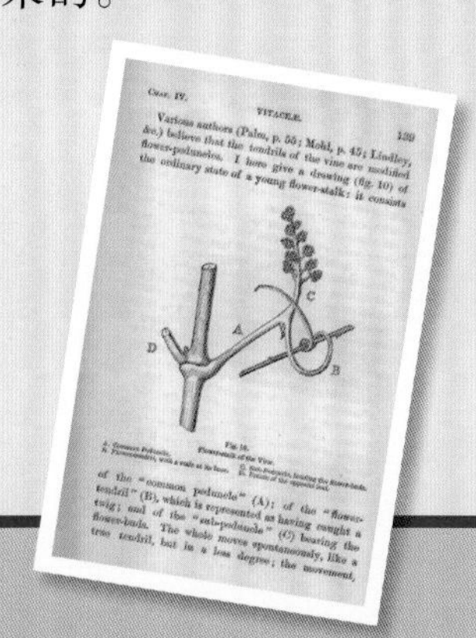

达尔文和他的理论

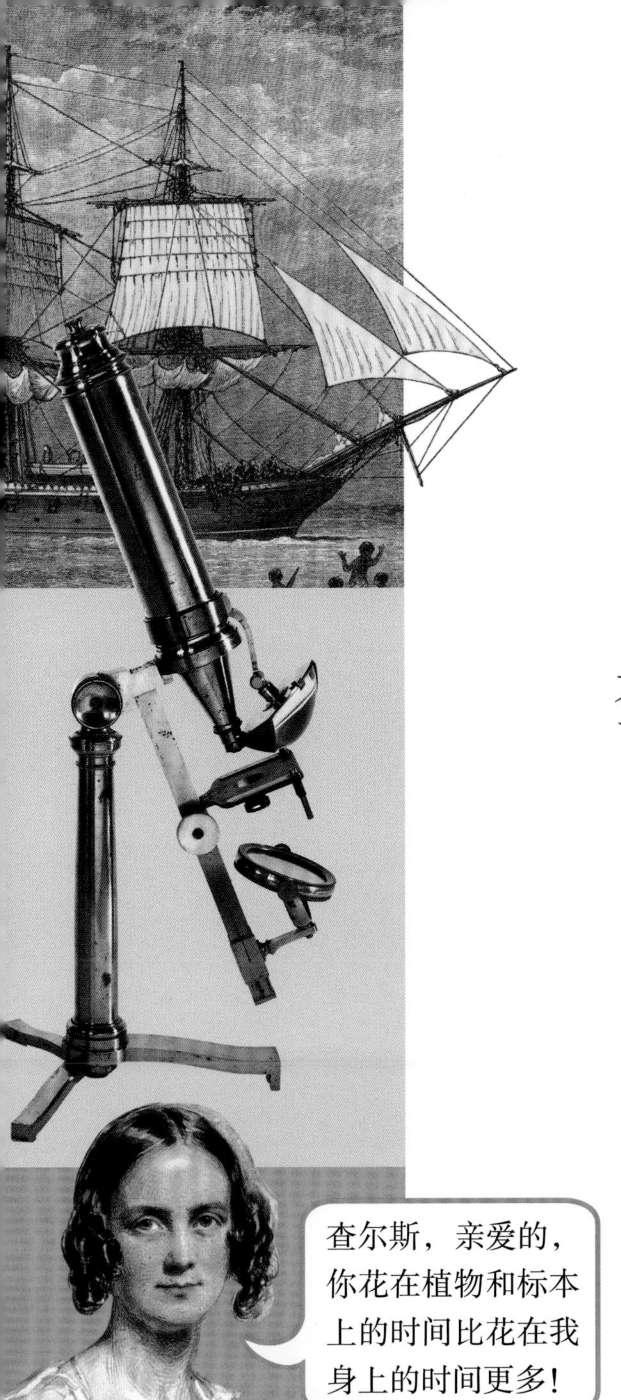

你能想象自己为了一个卓越的构想秘密工作超过20年，除了几个亲密朋友之外不让任何人知道？这正是查尔斯·达尔文所做的，而且这一艰苦的工作值得这样做！

当他最终发表了具有大量证据证明的自然选择理论，达尔文成了蜚声国际的科学家。

即使150多年之后，他的著作仍被常常提到，就像在本书中一样。

耻辱

达尔文的家人希望达尔文成为一名医生，可是他却有其他兴趣。“传统”教育让他感到厌倦，但收集自然界中的标本却使他着迷。“血淋淋”的医生培训让他厌恶，而到乡下去狩猎和探险却使他兴奋。 达尔文是像父亲担心的那样成为一个“游手好闲”的人，还是像家人所期待的那样在世上留下他的烙印？

家庭关系

达尔文出生于一个成功、富裕的大家庭。他的母亲是乔赛亚·韦奇伍德——一个成功的陶瓷生意人的女儿。他的祖父伊拉兹马斯·达尔文是一位备受尊重的医生和生物学家。他的高大、严肃的父亲罗伯特·达尔文也是一位医生。

7岁的达尔文

乔赛亚·韦奇伍德

伊拉兹马斯·达尔文

芒特宅——达尔文家族故居

1794年，伊拉兹马斯发表了颇具影响的科学著作《动物生理学》，书是用押韵的两行诗体写成的，包含了他的进化思想。

“一天到晚，你只知道打狗、抓老鼠。且是我们家族的耻辱。”

“嘿，瓦斯！”

学生时光

16岁时，达尔文先是被送到苏格兰的爱丁堡大学去学医，但在观察手术时他总想呕吐。这一选择失败后，他又去了英格兰的剑桥大学去学习当一名牧师。然而他对学习这些科目并不感兴趣，而更喜欢结识对动物和植物感兴趣的朋友。在爱丁堡，动物学讲师罗伯特·格兰特博士与达尔文对海洋生物有着共同的兴趣，他们常一起在潮水坑里收集动物。达尔文与剑桥大学的植物学教授约翰·亨斯洛有着更加深厚的友情，约翰·亨斯洛知道许多有关植物、昆虫、化学、矿物和岩层的专业知识，达尔文常和亨斯洛一起去郊外旅行，寻找稀有植物和动物。

讨厌！
我感觉想吐！

达尔文在自家花园里的一间工具室改装成的实验室里，帮他的哥哥伊拉兹马斯做化学实验。他们常常一起工作到很晚，制作气体和化学混合物。当学校里的朋友得知他和哥哥在做气体实验后，送给他一个绰号“瓦斯”。校长认为传统的拉丁文和希腊文课程比科学课程更重要，因而曾公开对达尔文说不要为这些无用的课程浪费时间了。

达尔文最喜欢打猎——捕杀鸟类、兔子及狐狸等。他常走访叔叔的庄园、家族朋友的家。达尔文总是把猎靴放在床边，以便早晨能在第一时间穿上。他每打一只鸟，就在系扣眼的一根细绳上打一个结，以此来记录打鸟的数量。

这样下去，你将不仅是*你自己的*耻辱，而

——罗伯特·达尔文，查尔斯·达尔文的父亲

因为不喜欢达尔文鼻子的形状，船长罗伯特·费兹罗伊差一点儿没让他参加这次航行。

大探险

完成考试后，达尔文回到家里，对自己的未来尚不确定。等待他的却是一封将改变他一生的信。此信来自约翰·亨斯洛，他放弃了在英国皇家军舰“贝格尔号”上作为博物学家进行环球考察航行的机会，推荐了达尔文参加这次环球考察，他认为达尔文应该到他应该去的地方。

载着 73 名船员，英国皇家军舰“贝格尔号”正式启航。

世界各地

英国皇家军舰“贝格尔号”于1831年12月从英国出发，最终于五年后的1836年10月返回家乡。

达尔文的望远镜

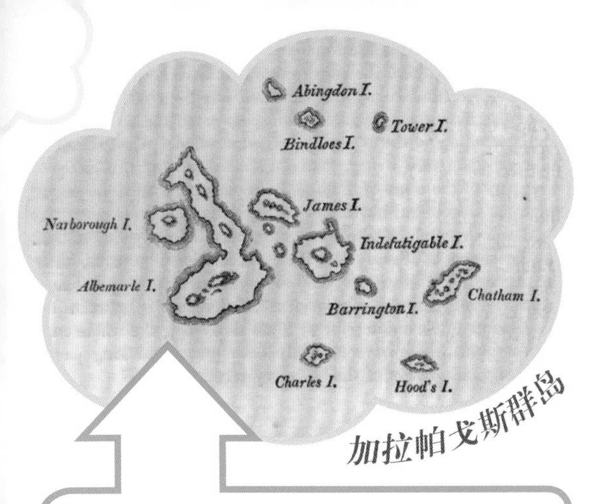

加拉帕戈斯群岛

奇妙的群岛

经过近四年对南美洲海岸线的考察，“*贝格尔号*”航行到附近的由黑色火山岩组成的加拉帕戈斯群岛。在岛上旅行时，达尔文收集了许多岩石和植物，并借助狩猎技巧捕捉了许多动物，尤其是鸟类，并打算把它们带回英国。

在加拉帕戈斯群岛，达尔文看到了世界上种类最多的陆龟。当地人告诉他，只要看看陆龟的壳，就知道它来自哪座岛屿。

喙之谜

达尔文被他所看到的不同形状的鸟喙所吸引。直到回国以后，达尔文才知道他收集的 13 种鸟全都是地雀。他后来得出结论认为，这些地雀都是从一个共同的祖先演化而来的，为了生存，每种地雀进化出不同形状的喙，以适应吃不同的食物。

海鬣蜥

“一大摊”躺在岩石上的海鬣蜥把船员们吓了一跳。它们是唯一的一种在海里觅食的鬣蜥。它们返回到海岸岩石上来暖身。

掀起浪花

1839 年 8 月，达尔文发表了他的“*贝格尔号*”航行日记。此书概述了他的考察结果及对所遇见的当地居民和移民的见解。书一出版，就获得了好评，达尔文也因此成为一位受欢迎的作者。

JOURNAL OF RESEARCHES
INTO THE
NATURAL HISTORY & GEOLOGY
OF THE
COUNTRIES VISITED DURING THE VOYAGE ROUND
THE WORLD OF H.M.S. 'BEAGLE'
UNDER THE COMMAND OF CAPTAIN FITZ ROY, R.N.

BY CHARLES DARWIN, M.A., F.R.S.
AUTHOR OF "ORIGIN OF SPECIES," ETC.

A NEW EDITION
WITH ILLUSTRATIONS BY R. T. PRITCHETT OF PLACES VISITED AND OBJECTS DESCRIBED

LONDON
JOHN MURRAY, ALBEMARLE STREET
1890

达尔文捕获的鹦嘴鱼，被保存在酒精中。

稀奇古怪的东西

达尔文在这次航行中收集了数以千计的标本。为防止这些标本腐烂，达尔文和助手西姆斯·科文顿，要么把它们的内脏取出再填充上棉花，要么就把它们放进装有酒精的广口瓶中并密封好。一回到家，他就把许多标本送到不同的植物学家和博物学家那里，让他们将这些标本详细地绘制出来。

*达尔文**锯鲉**，博物学家伦纳德·詹恩斯绘制*

跌宕起伏

回到英国，达尔文发现自己已经是一位*科学明星*了。亨斯洛将达尔文航海途中写的几封信在科学家之间传阅，给他们留下了深刻印象。达尔文开始满怀激情地投入到艰巨的整理笔记及将所有收集来的标本进行分类的工作中，但一种奇怪的疾病使他不得不慢了下来。

令人困惑的疾病

航行回来不久，达尔文开始遭受强烈的病痛，时常头昏眼花并伴有剧烈的疼痛。任何医生，包括他父亲，都搞不清问题出在哪里，提不出诊断方案。他是不是在航行时被一些奇怪的动物咬伤过？这种神秘疾病在他的整个余生频繁发生，这意味着达尔文要被迫待在家里。

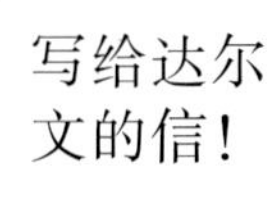

达温宅

婚姻生活

列出了结婚的好处和坏处之后，达尔文得出结论，结婚将是一件好事情。他与表姐爱玛·韦奇伍德结了婚。爱玛·韦奇伍德有个绰号叫“懒小姐”，但这并不妨碍达尔文爱她。在他们的第三个孩子即将诞生之前，全家从伦敦搬进了一座被称为达温宅的有大花园的大房子，房子距离伦敦不远。在这里，达尔文与爱玛的婚姻是幸福的，他们共生了十个孩子，但其中三个夭折了，其他的孩子也都疾病缠身。

“写封信，写封信，好建议将使我们做得更好。”

作家

由于被困在家里，达尔文用书信与别人保持联系。达尔文在他的一生中曾与 2 000 多人有过书信往来。他们不仅仅是科学家，还有园丁、猎场看守人、动物和植物育种工作者及在国外旅行或居住的朋友。达尔文收到过 14 000 多封信，而回信可能有 7 000 多封。

秘密笔记本

1837 年 7 月，达尔文有了一些初步想法，他知道这些想法将会引发当时有关宗教信仰的激烈争论。他开始将这些思想零散地写进笔记本，并严守秘密。

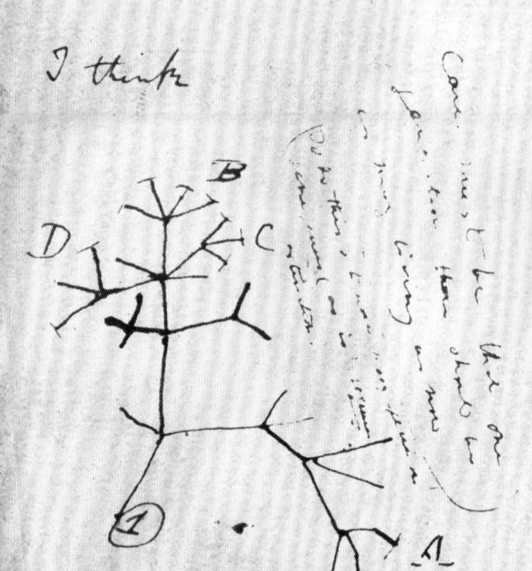

他描画出一棵有枝杈的树，用来表示有共同祖先的动物的系谱史。他相信，物种随着时间的推移发生了变化。但是产生变化的过程是怎样的呢？达尔文知道他的想法必须得到支持，就开始着手收集证据和进行实验。

蝙蝠的翅膀是由延长了的指骨支撑的。

达尔文只与两个最亲密的朋友分享他的进化思想。查尔斯·莱尔是岩层专家，约瑟夫·胡克是植物专家。

共有的骨骼

所有哺乳动物的肢体骨骼都有相同的基本样式。这些相似性表明它们有共同的祖先。

蝙蝠的翼

海豚鳍肢

狼爪

博物学家在工作

达尔文的显微镜

达尔文每天花很多时间进行研究，做花园实验及观察和分析植物、动物和岩石。他将任何物种进化的证据都写进了他的秘密笔记本。1844 年，他写了 189 页的手稿，概述了他的进化理论，但他没有发表，依然继续收集证据。

抽屉里装着一些达尔文的标本

达尔文在他的航行中采集了

花园

达温宅的花园成了实验室——一个用作调查和实验的地方。在这个有围墙的蔬菜花卉大园子里，达尔文建造了温室，在那里他做了许多实验，来了解植物的授粉、受精和适应性。

嗡！我还以为那是一只蜜蜂。我被骗了，那只是一朵兰花。

日常作息安排：早餐前散步；08:00 进行研究工作；09:30 读信；10:30 工作；12:00 散步；13:00 午餐；13:30 工作；

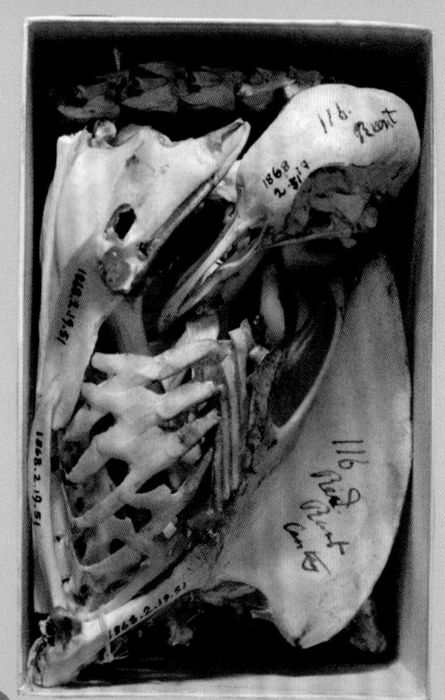

眼花缭乱的鸽子

达尔文买来许多不同品种的家鸽，通过分析它们的特点，达尔文确信它们都是岩鸽的后裔。从这些鸽子可以看出，在一个单一种类的动物中就有那么多颜色、形状、羽毛和骨骼结构的变异。

达尔文饲养的鸽子的骨骼。作为进化研究工作的一部分，达尔文对它们进行了检验并贴上标签。

老鼠的骨骼

全家总动员

有时候，所有家庭成员都参与到为达尔文收集信息的工作。他的孩子追踪大黄蜂的飞行轨迹、记下蜘蛛网的位置。甚至他们的家庭女教师也加入计算草地上的植物种数的工作。仆人们则帮忙蒸煮小老鼠和鸟类的尸体，以便达尔文研究它们的骨骼。

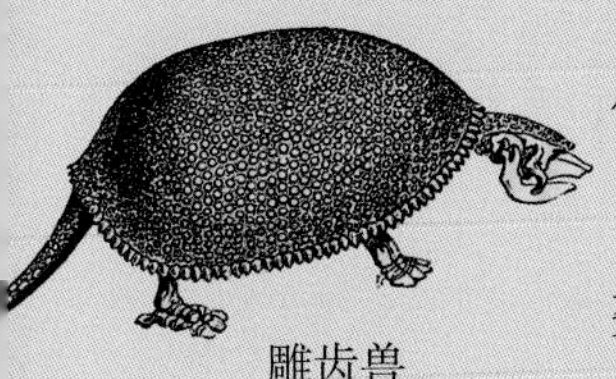

雕齿兽

化石记录

在南美洲，达尔文发现了巨大的鳞甲动物雕齿兽的化石，类似他看到的小一点的犰狳。这是不是一个物种进化的证据？

犰狳

显微镜下

达尔文希望自己成为某一物种的专家，他选择了藤壶作为研究对象。

藤壶

达尔文迷上了藤壶，并在这一领域深入研究了8年。他得到了大量的藤壶和藤壶化石，用来研究究竟有多少种藤壶及它们相互之间的联系。

达尔文美洲鸵

达尔文在南美洲的部分地区碰到一种罕见的美洲鸵，不同于这一地区较常见的美洲鸵。这两个物种是否有共同的祖先？

达尔文美洲鸵

1 529 个物种，以及 3 907 件其他标本。

温室实验室

达尔文被一朵兰花的形状所吸引，经过无数次试验，他确信，这些鲜花和给它们授粉的昆虫经演化彼此已经完全适应。

15:00 休息；16:00 散步；16:30 工作；17:30 休息；19:30 喝茶；20:00 家庭游戏；22:30 上床睡觉。

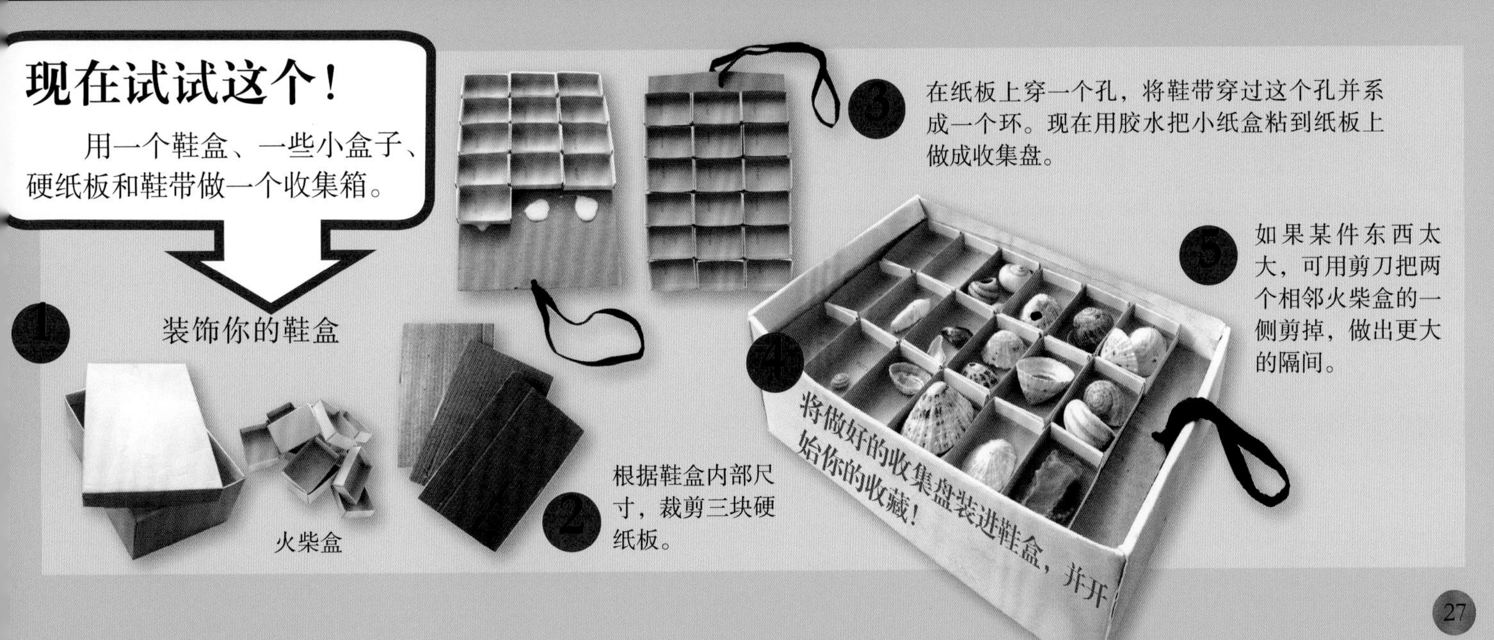

现在试试这个！

用一个鞋盒、一些小盒子、硬纸板和鞋带做一个收集箱。

1 装饰你的鞋盒

火柴盒

2 根据鞋盒内部尺寸，裁剪三块硬纸板。

3 在纸板上穿一个孔，将鞋带穿过这个孔并系成一个环。现在用胶水把小纸盒粘到纸板上做成收集盘。

4 将做好的收集盘装进鞋盒，并开始你的收藏！

5 如果某件东西太大，可用剪刀把两个相邻火柴盒的一侧剪掉，做出更大的隔间。

最优选择

达尔文有关野生物种是通过**自然选择**过程演变的理论是有着数千年的认识根源的，*人们一直通过采集具有首选特征的植物种子，非常有选择性地*培育植物。对达尔文来说，甘蓝系谱中种类繁多、样子不同的蔬菜就是一个明显的例子。

叶芽

在比利时，种植者不断选择沿主茎长满包心叶芽的甘蓝。随着时间的推移，植株开始长出越来越多的芽，到 18 世纪，抱子甘蓝就被培育出来了。

西蓝花

菜花

头状花

在南部欧洲，种植者开始选择有大花头的甘蓝，到了 15 世纪，花头已经变得很大，培育出了菜花。大约一百年后，西蓝花在意大利被培育了出来。

包心叶片 + 花头 = 菜花和西蓝花

大叶子 + 包心叶片 = 卷心菜

包心叶片

一大团紧密包在一起的大叶片被称为包心菜“头”，是人们通过选择茎顶端中心叶片较多包心的羽衣甘蓝种子培育出来的。经过数百代，包心的大叶片占据整个植株，形成卷心菜。这个过程是在公元 1 世纪完成的。

绿叶蔬菜

野生甘蓝是一种芥子植物，自然生长在欧洲的地中海沿岸。**古人**采集野生甘蓝的种子，并把它作为一种绿叶蔬菜来种植。**叶子最大的植株的种子被选定用作下一年作物的种子**。慢慢地，叶子越来越大的植株就被培育了出来。

大叶子

到公元前 5 世纪，一种叶子很大且有波皱的植物被培育了出来，我们称之为羽衣甘蓝。这是当今仍在种植的非常古老的作物之一。

在之后的 500 年，人们不断选择具有肥大短茎的羽衣甘蓝植株，这一选择过程使植株的茎变得越来越肥大，我们称之为苤蓝。如今，苤蓝有白色、绿色或紫色的。

通过**人工选择**过程，甘蓝系谱变得非常广泛和**多样**。

通过控制*授粉过程*，种植者可以合并不同的甘蓝植物，并创造出样子不同寻常的新品种，称为杂交品种。这一过程被称为异花授粉。

生存斗争

许多动物每年要产下数以百计的卵，但只有少数发育、孵化并长到成年。达尔文认识到这一点，但许多年后达尔文才意识到这些生命的丧失可能就是**进化**背后的驱动力。

达尔文发表《物种起源》的九年前，诗人阿尔弗雷德·坦尼森勋爵写了一首诗《纪念》（1850）。这首诗包含了表现19世纪一些人对达尔文的自然选择理论憎恶的词句：

“自然，红色的牙齿和爪……”

1798年，牧师托马斯·马尔萨斯发表了著作《人口论》，指出人口数量是被饥荒和疾病控制的。马尔萨斯的著作启发了达尔文有关进化的思想。

我不开心！这是1838年——40年过去了，达尔文只是碰巧阅读了我的文章。

如果所有的幼蛙生存下来，*那么*
*10年之内*全世界的青蛙将堆积成齐膝深。

数字游戏

数以百计的幼蛙中：

- 多数被天敌吃了；
- 许多死于疾病；
- 一些死于饥饿；
- 只有一两只活到能繁殖下一代。

青蛙产下数以百计的蝌蚪，但只有少数能存活！

我才能生存！

达尔文*认识到*，那些存活下来并继续繁殖的个体，往往是那些比竞争对手
更具竞争优势的个体。**这些个体被“*自然选择*”来繁殖后代，而它们的后代将更有可能继承有利的特征。**

赢在本质特征：

印象深刻的羽毛

雄性孔雀的尾巴看起来笨拙，但对于寻求配偶的雌性孔雀来说，尾巴上“眼睛”最多的雄性孔雀最具优势。这些个体被雌性选择。比起样子朴素的孔雀来，它们能吸引更多的雌性孔雀并有更多的后代。随着时间的推移，孔雀的羽毛变得更加华美。

强健的鹿角

雄鹿为争夺配偶与对手格斗，体格最强壮且鹿角最大的个体最终进行交配，并将它们的实力和鹿角的大小遗传给它们的后代。随着时间的推移，雄鹿变得比雌鹿个头大得多，并长出非常大的鹿角。

完美的隐藏

红松鸡出没在石楠属植物丛生的荒野，而黑松鸡则常见于泥炭似的区域。松鸡的色彩把它们伪装得很好，保护它们不被天敌吃掉。如果黑松鸡生活在石楠属植物丛生的荒野，它们会很快被天敌发现，不会生存到繁殖期。而红松鸡在这种环境中则变得越来越常见。

异体受精

有花植物已经*演变*成能*异体受精*，因为这些个体比*自体受精*的植物更具竞争力。如今我们看到的许多漂亮的花朵已经适应于*异体受精*，从而繁殖出许许多多健康的后代。

最佳适应

为体现自然选择的作用，需要证实一种*现有的特征能够得到改进*。达尔文测试了一种被称为茅膏菜的食虫植物，以了解它们如何知道何时捕捉昆虫但又不对无生命的物体敏感，如羽毛。达尔文喂给茅膏菜一些小粒的肉，喂过肉的要比没被喂过肉的长得更快、花开得**更多**。达尔文得出结论，能够捕获和消化昆虫是一个*有利的特征*。**这是个突破！**

现在试试这个！

试试达尔文的一个实验：

在下面的测试中，达尔文表明，植物物种如果是与其他个体异花授粉而不是自花授粉，则具有选择优势。达尔文使用了常见的云兰属植物，但任何在豆荚里结籽的植物都可以用来做这个试验。

1. 种植六棵植株。

将其中三棵植株用细网罩上，以防昆虫接触它们的花朵。

2. 等到豆荚形成，从被罩网的和没被罩网的植物上各选择 5 个最好的豆荚。

3. 数一数每一个豆荚中的籽，并记下被罩网的和没被罩网的植株豆荚中籽的数量。你注意到什么？你应该发现没被罩网的植株的豆荚中籽的数目要多一些。

4. 在花盆里栽种被罩网的和没被罩网的植株的种子各 10 粒，并贴上标签。保持温度并浇水。

5. 测量一下幼苗的高度。你注意到什么？你应该发现，被罩网植株的种子的苗要比没被罩网植株的种子的苗矮。

解释：

在植物之间传粉的昆虫，曾在没有罩网的植株上逗留，所以这些植株通过异花授粉，繁殖出发育良好的植物。而被罩网罩住的植株因没有与昆虫接触过，所以是自花授粉，繁殖的后代发育不良。

眼睛奇观

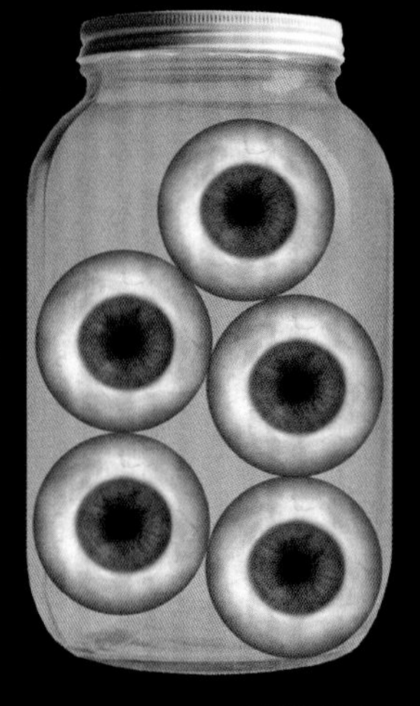

达尔文发现，人眼的进化是最难用自然选择理论解释的实例之一。眼球的结构及功能非常复杂且看似非常完美。比起当今科学家的知识来，尽管对眼睛知之甚少，但达尔文一直相信，人眼已逐渐从一个简单的器官变为一个复杂的器官。每一变化阶段都对动物有用，并使最好的变异得以继承。

以下是当今的科学家思考人眼是如何进化的：

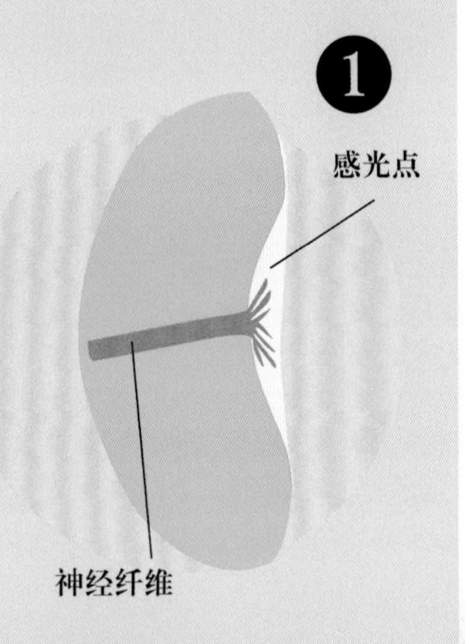

感光点

很久之前生存的有些动物，皮肤上有一个简单的感光点，给予动物一些微小的竞争优势，或许是能够躲避捕食者。

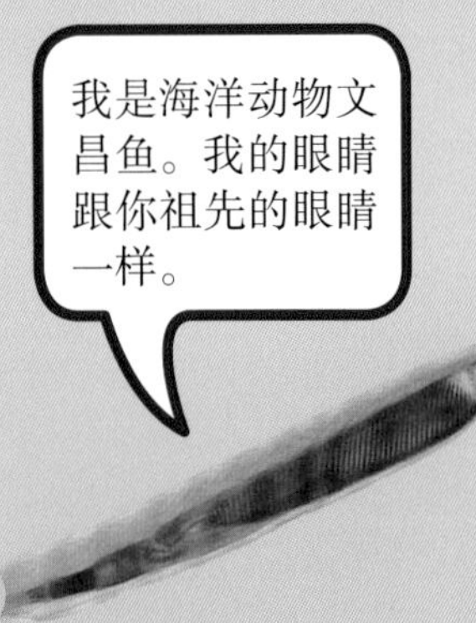

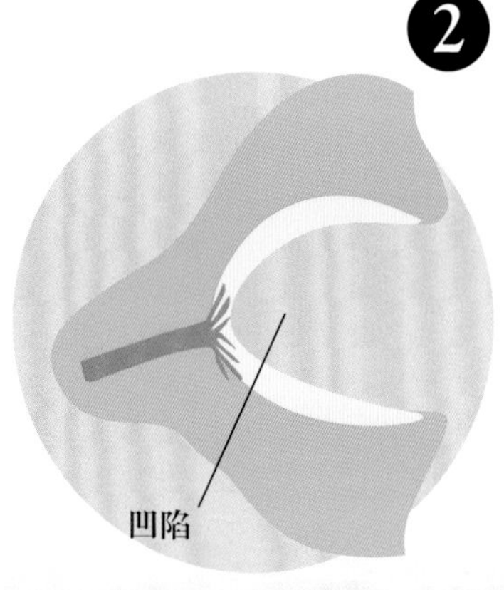

小孔

随着时间的推移——如一位科学家计算的364 000年——动物的感光点出现凹陷，能够提供更清晰的视野。大概在同一时期，凹陷的前端逐步缩小，因此，光通过一个小孔进来，就像海鞘的眼睛。

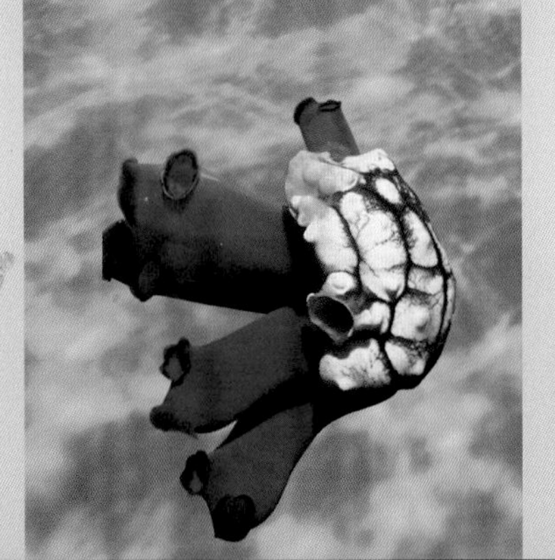

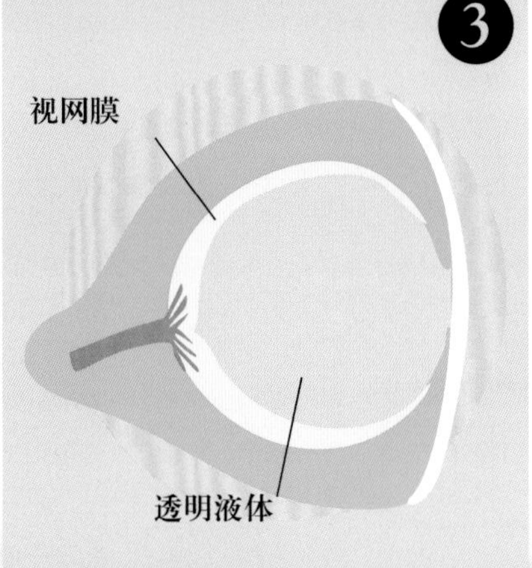

视力改善

在中间阶段，动物眼睛的后部发育出越来越多的细胞，形成更大的曲面，且透明度也略有增加，就像八目鳗鱼的眼睛。

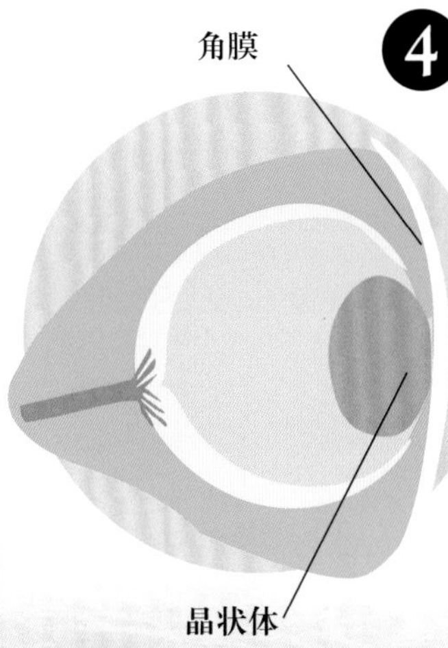

近乎完美

最终，眼睛后部的感光部位变成由许多能接收图像的细胞组成的视网膜，并在眼睛的前端形成晶状体，使图像更清楚地映在视网膜上。七鳃鳗长着与我们非常类似的眼睛。

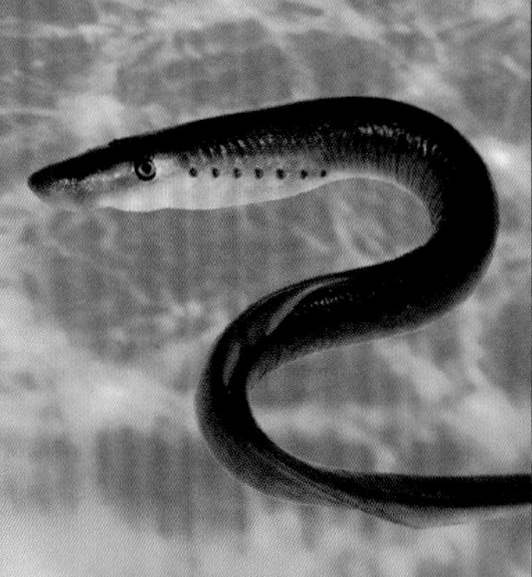

钟表匠

1802年，牧师威廉·佩利讲了一个关于在地上偶然发现一块表的故事。手表有一部运动机件，一起为一个目的工作。于是他得出结论，手表的存在证明必定有钟表匠，所以动物和植物证明必定有创造者存在。“自然神学”的追随者争辩说：像人眼这样神奇的东西怎么可能只是偶然发生的？眼睛像手表一样精巧复杂，所以一定是被一个智慧的设计者根据它的使用目的完美地设计出来的。

并不完美

5

人有一对能移动的相机型眼睛。眼睛的晶状体能通过改变形状将图像聚焦到眼睛的后部。但设计并不完美，因为眼睛后面的视神经会阻止这一部位的感光视网膜接收图像，造成盲点。

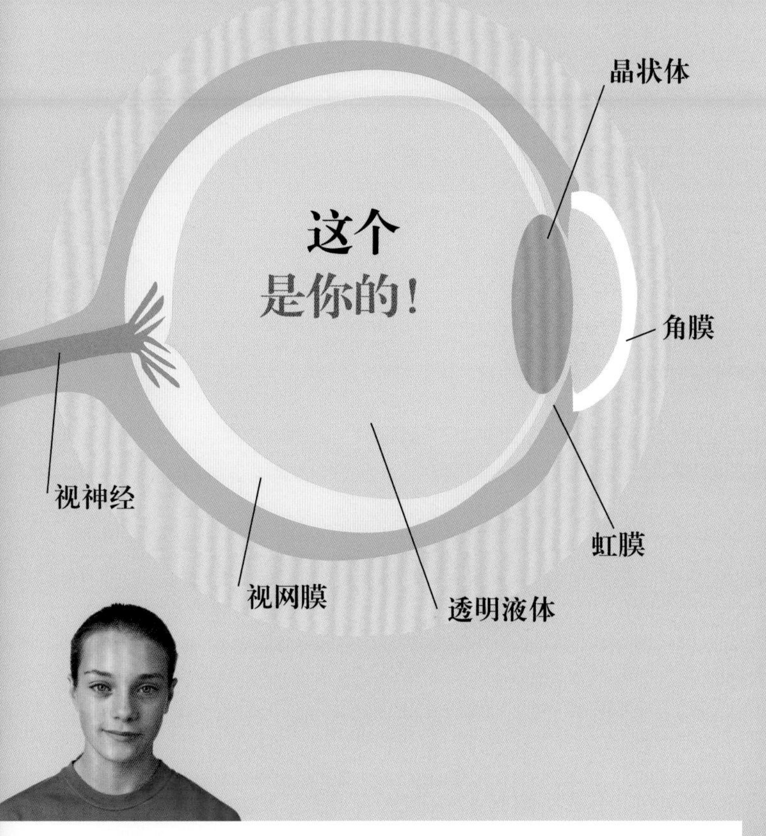

自己试一试：找到你的盲点

闭上你的左眼并盯住下面的符号+，将图像拉近直到看不见符号•时停住。

+ •

完善

章鱼有着与人类非常相似的相机型眼睛，但章鱼眼是独立进化的，并且的确有许多改善。章鱼眼没有盲点，因为它的视神经位于视网膜的后面。另一点不同的是，晶状体具有固定的形状，但通过向视网膜移动来聚焦。

物种起源畅销书

1858 年，达尔文收到一封来自年轻的博物学家阿尔弗雷德·罗素·华莱士的信，这封信迫使他发表了写了 20 年的神秘著作。一年后的 11 月 24 日，*1250 本*精心编写、通俗易懂的第一版有关自然选择的图书被印刷了出来，并在第一天就销售一空。

联合报告

在马来西亚的朋友

达尔文的通信朋友之一，是一位正在马来西亚群岛旅行采集标本的年轻人，名叫阿尔弗雷德·罗素·华莱士。1858 年，华莱士刚从一场发烧中恢复过来，他思索着岛上动物的生存和死亡，突然闪过一个灵感。在那一刻，他得出一个与达尔文理论相似的结论：自然选择过程控制生物种群大小。

达尔文对华莱士来信的内容感到震惊，不知道该怎么做才好。在这个时候，他安稳的家庭生活也出现了混乱，他的两个孩子病得很重。他心爱的大女儿安妮 7 年前夭折了，他不想再失去一个亲爱的孩子。他的女儿亨里埃塔最终痊愈，但最小的儿子不幸病亡。

!*?

我要写信给查理！不知他对我的想法会怎么看。

啊！阿尔弗雷德也有了突破性的理论。

达尔文的朋友，莱尔和胡克帮忙组织了一个报告会，会上宣读了达尔文和华莱士各自有关进化的论文。

阅读有关的一切！

每日新闻

售出 104 000 本

达尔文掀起一场风暴

1859 年，查尔斯 · 达尔文所著的《论物种通过自然选择的起源》（即《物种起源》）的出版，引发了批评者和支持者之间的一场非常公开和激烈的争论。但这场风波使得人人都想读一读这本书。

当第一版的版权于 1901 年到期时，出版商已售出 56 000 册原版书，以及 48 000 册纸皮面或廉价布面的廉价版书。书出版以后，达尔文说："我一直担心并预测了这场轩然大波，但我很高兴我的科学著作取得了成功。"

ON

THE ORIGIN OF SPECIES

BY MEANS OF NATURAL SELECTION,

OR THE

PRESERVATION OF FAVOURED RACES IN THE STRUGGLE FOR LIFE.

BY CHARLES DARWIN, M.A.,

FELLOW OF THE ROYAL, GEOLOGICAL, LINNÆAN, ETC., SOCIETIES;
AUTHOR OF 'JOURNAL OF RESEARCHES DURING H. M. S. BEAGLE'S VOYAGE
ROUND THE WORLD.'

ON THE ORIGIN OF SPECIES DARWIN

达尔文概述了他的自然选择理论，用他的观察及研究证据证明了他的理论。最终选择的长长的书名全称是《论物种通过自然选择的起源，或在生存斗争中有利种类的保存》。世界各地出版了各种版本。

《物种起源》出版之后

达尔文继续写了一些其他的有关他的理论的书籍，扩大到植物和人类的不同方面。但是，晚年时，他再次选择了专攻一个详细的项目——蚯蚓的行为。

迷人的蚯蚓

达尔文认为蚯蚓在泥土史上发挥了非常重要的作用，并着手证明这一点。他的实验之一是动员全家演奏不同的乐器来观察蚯蚓如何反应。达尔文发现，蚯蚓听不到，但如果把它放到乐器上，它对振动有反应。

现在试试这个：
将一把花园耙子插入泥土，轻轻地来回摇动，你会发现有蚯蚓爬出来。

对或错

有关达尔文的生活和著作曾有一些不准确的陈述，以下是一些误解，以正视听：

达尔文在加拉帕戈斯群岛提出了他的*进化理论*。

错。他的想法是他航海回来后形成的。

达尔文*著作*的书名是“*Origin of the Species*”。

错。Species 前加上“the”意味着达尔文写的是一个特定物种的起源，这不是这本书要写的内容。

达尔文想出用“适者生存”这一措辞来概括他的理论。

错。是哲学家赫伯特·斯宾塞造出了这个措辞。

达尔文说：“人类来自猴子”。

错。达尔文只是写到猴子、类人猿和人类有一个共同的祖先。

英雄的葬礼

1882年，达尔文与世长辞。尽管达尔文希望他死后只举行一个安静的葬礼，但科学界为了表达对这位伟大的科学家的敬仰，为他举行了隆重的葬礼，他的遗体被安葬在伦敦的威斯敏斯特大教堂。

基因决定一切

如今，我们知道一些连达尔文也不知道的东西——遗传学。通过研究代代相传的微小的化学密码，科学家更加了解物种是如何进化的。

我们现在可以解释为什么我们都是独特的，甚至能将我们自己追溯到与其他样子古怪的动物拥有同样的祖先。

不是只有达尔文的自然选择理论支持进化这一科学的论断，遗传学家还发现自然界中其他起作用的法则。他们的研究结果也引起了一些伦理、道德和进化方面的问题，继续成为激烈辩论的焦点。

豌豆之谜

在 19 世纪，奥地利神父格雷戈尔 · 孟德尔在修道院的花园里潜心研究，尝试在豌豆植物上做试验。他的试验显示，亲本植物的特征通过许多信息片段传递给后代。我们现在称这些片段为"基因"。

测试结果

孟德尔将一棵植株的花粉（雄性部分）擦到另一植株的柱头（雌性部分）上。

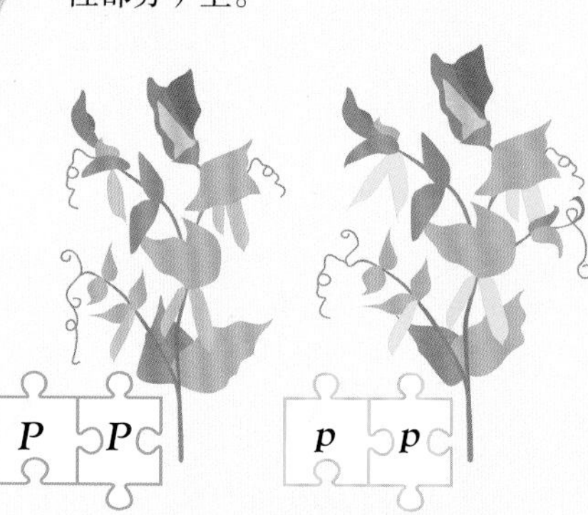

后代得到每个基因的两个副本（来自每个亲本各一个）。

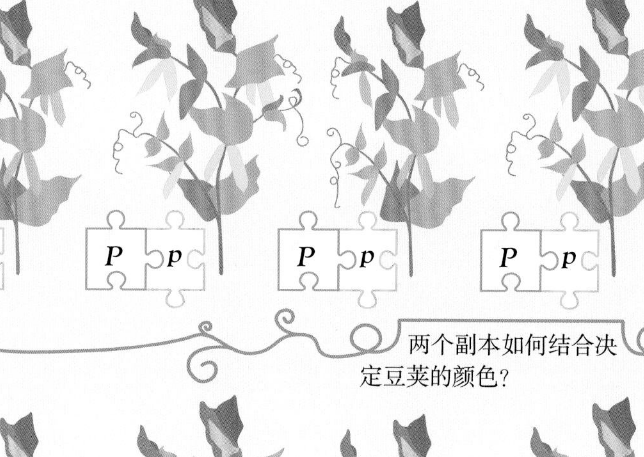

两个副本如何结合决定豆荚的颜色?

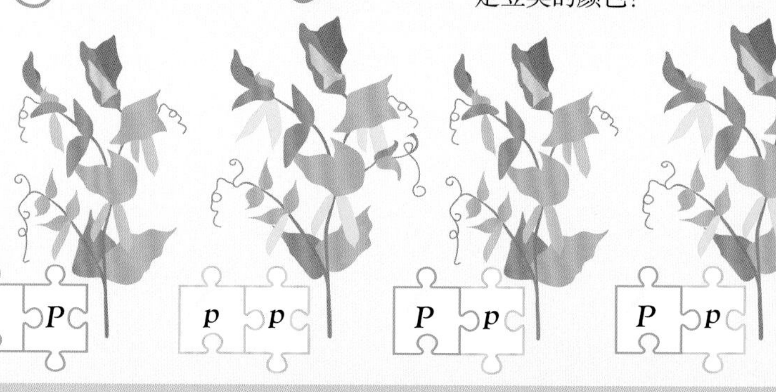

性状和特点

性状是指一种特征，特点是指这种特征的许多形式。例如，这项试验研究的性状是指豆荚的颜色，特点是指豆荚的颜色不是黄的就是绿的。

P p

这些小方块表示决定豌豆荚颜色的基因。*P* 表示绿色豆荚基因，*p* 表示黄色豆荚基因。

很有意思！如果后代同时得到 *P* 和 *p*，则植株显示 *P* 特征。这个副本更占优势。

格雷戈尔 · 孟德尔（1822—1884）

染色体

在显微镜下，科学家们研究植物和动物的细胞时发现，中间核心部分含有若干线状的结构。这些被称为染色体。

不同的染色体含有不同的基因。

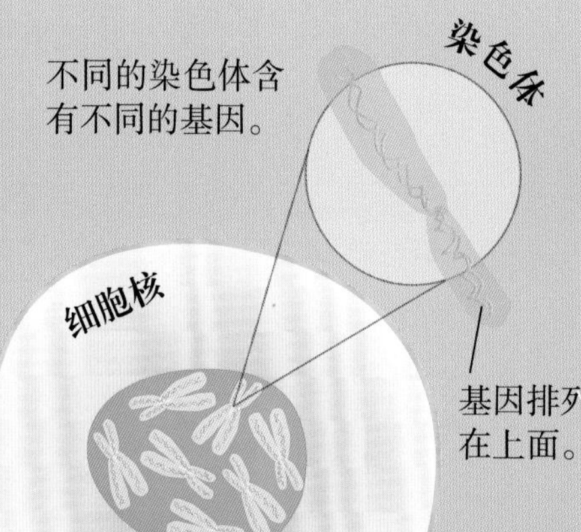

基因排列在上面。

不同的生物有不同数量的染色体。

染色体的数量与生命形式的复杂性没有任何联系。

蚊子 6 ×

河豚 42 ×

人类 46 ×

如果孟德尔遇见达尔文

尽管这两个伟大的家伙从未见过面，但假如他们相遇，也许他们的交谈会是这样的：

孟德尔：自然选择学说很伟大，查尔斯。上帝一定神秘地离去！

达尔文：谢谢。真是令人惊讶，以前从未有人提出这样的想法。不过，我对遗传是怎么回事仍不确定。

孟德尔：在这一点上，也许我可以帮你。我做了一些豌豆的育种试验，结果很有意思。

达尔文：我也发现用植物作试验对找出问题很有用。跟我说说你的试验。

孟德尔：是这样，我将结绿色豆荚的豌豆植株的花粉授给结黄色豆荚的豌豆植株。

达尔文：是不是后代都有绿黄色的豆荚？

孟德尔：不是。所有的后代都结绿色豆荚。

达尔文：噢！所以，植株的外表没有融合父母亲代的特点。

孟德尔：对。我认为这些由各亲本遗传的“特点”没有变。在每株后代，来自每个亲本各自的特点与另一亲本的一种特点结合。在这个实验中，较强的特点——绿色豆荚——在所有后代中显现。这还不是所有的结果！

达尔文：然后你做了什么？

孟德尔：我把一个后代的花粉授给另一个后代。结果你都意想不到……

达尔文：所有后代又都结绿色豆荚。

孟德尔：不是！多数后代结绿色豆荚，但也有一些结黄色豆荚。太令我惊讶了！

达尔文：那么，你认为为什么会这样？

孟德尔：微小的遗传信息片段代代相传，没有变化。这意味着，弱势特点——黄色豆荚——在一代被隐现又能在下一代按照原样再显现出来。

达尔文：关于这些微小的片段你还知道什么？

孟德尔：每个性状都有一个片段，决定种子形状、种子大小、花的颜色、豆荚形状、豆荚大小、茎的高度等。我曾同时研究了豌豆植物的多个性状，并且注意到：例如，在每一株后代中，决定豆荚颜色的片段与决定豆荚形状的片段都是各自独立的。

达尔文：干得好，格雷戈尔。不知这些片段看起来是什么样子的，它们是如何联系在一起的？

孟德尔：我不得不把这些留给未来的科学家去发现。

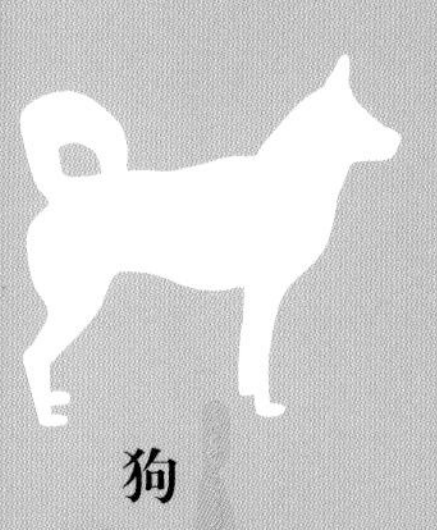

狗
78 ×

金鱼
94 ×

人类的染色体都是成对存在的，除了男性的一对性染色体外，所有成对的染色体都是相匹配的。染色体的大小和形状不同，取决于它们容纳的基因数。科学家将成对的染色体按大小排成图表，称为染色体组型。

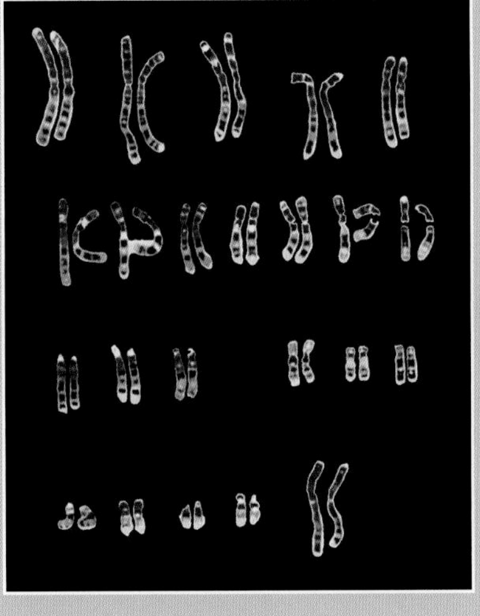

女性的染色体组型

生物的每个体细胞包含相同数目的染色体。当细胞分裂产生新细胞时，细胞传递它们的染色体。每条染色体复制一个一模一样的自己，然后分离形成新的细胞。

遗传秘诀

为全面了解遗传学（遗传研究），自20世纪开始以来，科学家们进行了一系列令人难以置信的和极其复杂的科学研究。但这些研究如何帮助我们理解进化呢？

关于如何形成一个生物体：

包装：遗传物质被分成若干个被称为染色体的包装，存在于每一个细胞内。

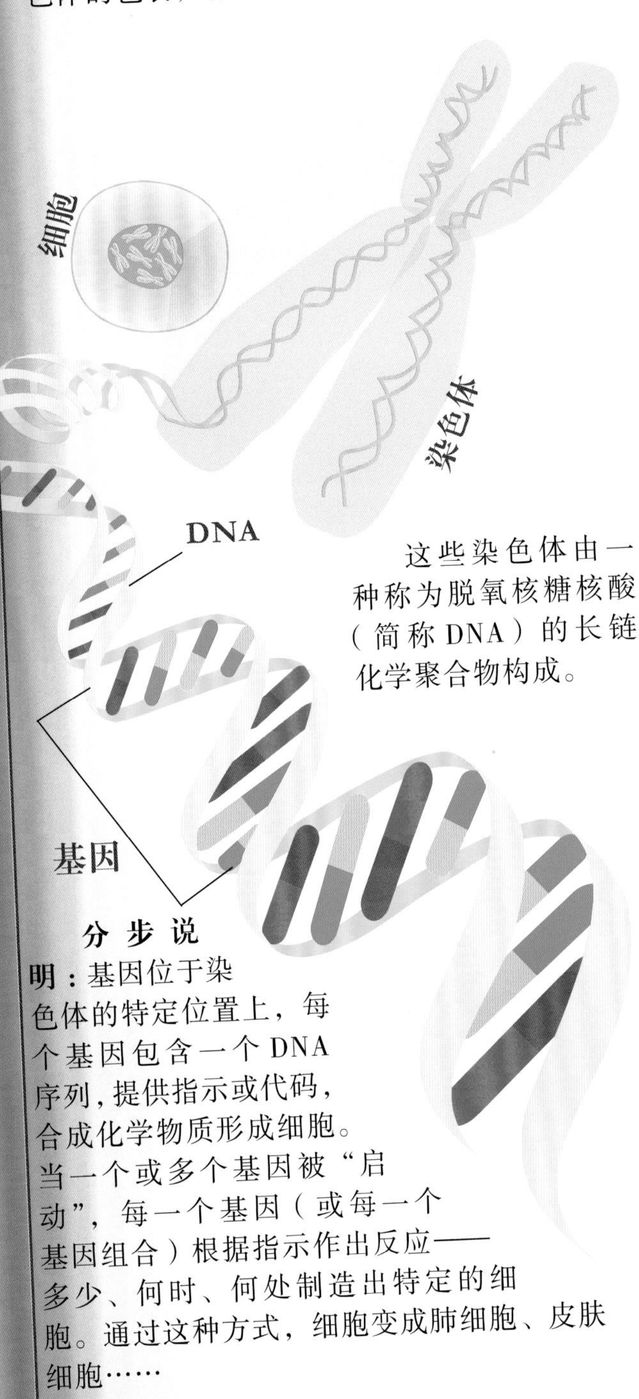

这些染色体由一种称为脱氧核糖核酸（简称DNA）的长链化学聚合物构成。

分步说明：基因位于染色体的特定位置上，每个基因包含一个DNA序列，提供指示或代码，合成化学物质形成细胞。当一个或多个基因被“启动”，每一个基因（或每一个基因组合）根据指示作出反应——多少、何时、何处制造出特定的细胞。通过这种方式，细胞变成肺细胞、皮肤细胞……

基因组

大图片所揭示的是，迄今为止的每种生物体的所有遗传物质容纳于一个基因组中。这就像是一部*指导手册*，包含了为构建一个生物个体所需的基本信息。

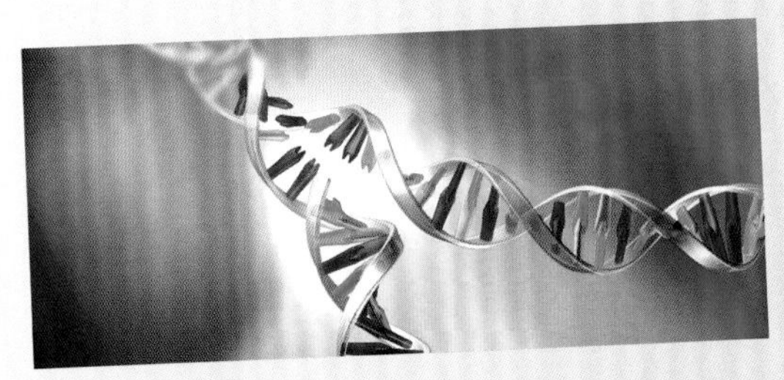

螺旋阶梯

DNA的结构和形状像一个螺旋阶梯。每4个梯级组成一个简单的密码，由4个字母A、C、G和T表示（显示为蓝色、红色、黄色和绿色），代表基本的化学物质。每一梯级有一对碱基，当准确地复制自己从而形成新细胞时从中间裂开。

提取你的 DNA

在一位长辈的指导和帮助下进行

你将需要：

- 一杯盐水
- 盛有 1 小勺洗涤液的玻璃杯
- 3 小勺自来水
- 一把干净的勺子
- 125 毫升冰镇白酒

1.用盐水漱口。***不要吞咽***。

2.将口中所含之物吐到盛有洗涤液和自来水的玻璃杯里。用干净的勺子慢慢搅动几分钟。

3. *非常缓慢*地将冰镇的白酒倒入玻璃杯中，使酒能置于溶液的上面。**等*2～3*分钟**。

4. 观察洗涤剂混合物上面薄薄的丝状物。**这就是你的DNA**。

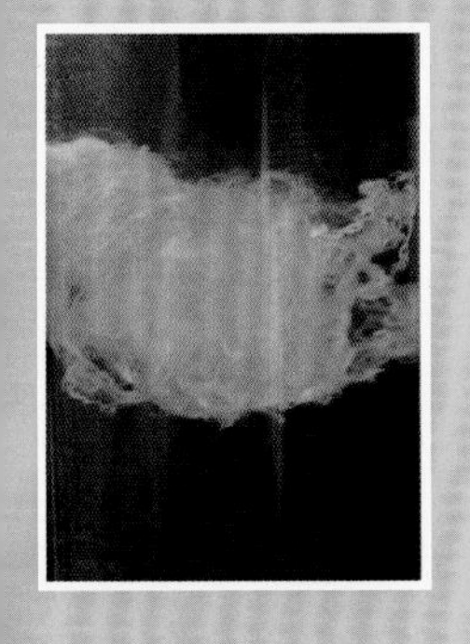

如果你愿意，用一个弯曲的塑料吸管在玻璃杯里小心地、慢慢地移走丝状物。吸管将缠绕上丝状物，但它们非常脆弱。一旦提取到之后，你可以用食用色素将这些丝状物染色，以便在显微镜下更容易看见它们。

用过以后，将 DNA 和杯子中的液体倒掉。

绘制基因组

1990 年，许多国际科学家参与了一个雄心勃勃的项目，开始绘制完整的人类基因组序列。他们花了 13 年，解析了 30 亿个碱基对的信息，并确认了约 25 000 个基因及它们的位置。这组科学家还绘制了酵母、蛔虫、老鼠及果蝇的基因组。令人印象深刻！但是，研究结果提出的问题多于答案。

为什么不同物种之间基因组大小的差别这么大？

有一些基因的用途不明。有些基因看上去很像在关系很远的生物体上发现的基因，如鱼。

除了基因，为什么人类 DNA 里还有这么多其他的东西？这些东西是干什么的？为什么其他生物就没有这么多“垃圾”？

DNA 与进化

幸亏我们更加了解了 DNA，这些遗传物质为生物进化提供了最有力的证据——如何随着时间的推移产生遗传变化从而形成新物种。通过比较不同生物的基因组和观察基因编码的变化，科学家们可以解答出不同物种之间相互关系的远近程度，甚至确定它们共同的祖先生活在多久以前。

人类与小鼠有相同数量的基因。我们携带尾巴基因，但失去了启动它的能力。90％的与疾病相关的基因也是如此，这就是为什么小鼠在人类疾病的实验室研究上是如此的宝贵。

我们的基因组有 96％与人的**相同**。我们的不同可能是在于何处何时这些基因被启动。

55 000万年以前，人类与文昌鱼——一种条状的海洋动物（见34页），有一个共同的祖先。

这一想法让我感到饥饿。把那个香蕉拿过来！

我们与酵母——一种每 90 分钟复制一次的单细胞生物，有约 31％相同的基因。

我们与香蕉共同拥有 **50％** 的基因。

一百亿亿分之一

46 条染色体
成对
这位
祖母的
眼睛是
绿色的。

46 条染色体
成对
这位
祖父的
眼睛是
蓝色的。

你的父母大概另外得有 1 000 000 000 000 000 个孩子才可能会有一个与你的基因相同。个体之间的遗传变异是物种如何进化的关键。

每个父母的 46 条染色体被重组、分离，且有一半（23 条）传给孩子。

23 条染色体

23 条染色体

切断从前的阻碍

你的外表、你的指纹、你的声音、你的健康甚至你如何握手都是由你的基因编码的。这些基因由你的父母传下来，他们的基因又是从他们的父母那里获得的。你可能与一个隔了几代的家族祖先有相似的特征。因此，我们之间的变异都是如何发生的？

46 条染色体
成对
这位
爸爸的
眼睛是
绿色的。

答案：你含有的基因的染色体，一半来自你的母亲，另一半来自你的父亲。你得到的是他们染色体的哪一半，以及这两套染色体是如何聚到一起的，就是使你如此独特，甚至不同于任何兄弟姐妹（除非你有一个同卵双胞胎）的原因。

23 条染色体

23 条染色体

23 条染色体

23 条染色体

研究双胞胎

同卵双胞胎具有相同的基因。通过研究他们的特征，科学家们已经能够解释他们的哪些特征是受基因影响的，以及哪些是受环境和抚养条件影响的。结果表明，基因影响外貌、视力、体重、智商和寿命，但对饮食偏好和幽默感影响较小。

男孩或女孩

你的两条染色体含有决定你将是什么性别的基因。这些性染色体的形状像字母 X 和 Y。如果你是一个女孩，你从你的父亲和母亲那里都得到了 X 染色体。但如果你是一个男孩，你有一条来自你母亲的 X 染色体和一条来自你父亲的 Y 染色体。对于男孩，因为没有相匹配的配对，所有 X 染色体上的基因都为显性，这就意味着他们可能会从他们的母亲那里继承遗传疾病。例如，色盲就是一种隐性基因，在母亲传给儿子时成为显性。

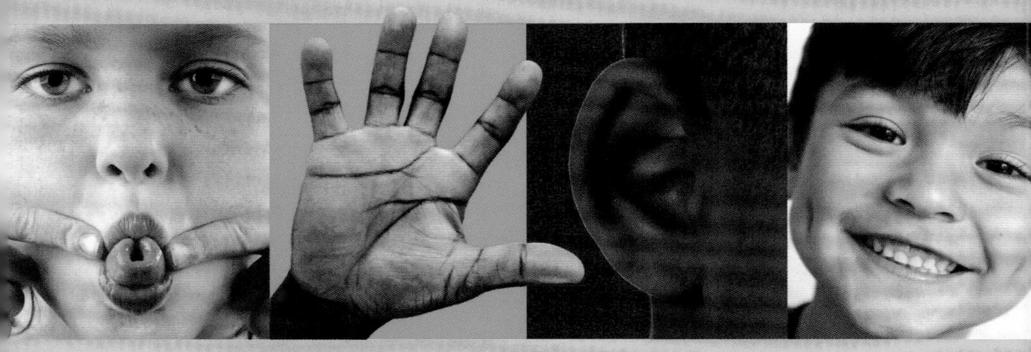

你能看出这个彩色圆点图案里的数字吗？如果不能，你可能是色盲。测试一下你的家人。

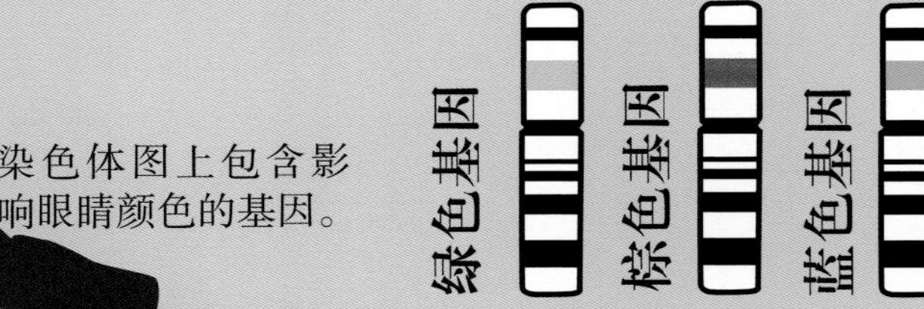

人类遗传学像许多其他生物遗传学，并不是简单的一个基因影响一个特征。往往一个基因可以影响几个特征或几个基因可以影响一个特征，如身高或眼睛颜色。

你从父母双方都获得一套影响眼睛颜色的基因，如果它们是不同的，则一套会优先于另一套，这就是所谓的显性。棕色眼睛基因通常相对绿色眼睛基因为显性，而绿色眼睛基因又相对蓝色眼睛基因为显性。较弱的一套被称为隐性。获得隐性特征，每位家长必须传递一套较弱基因的副本。通常出现在祖父母和孙子身上的特征会跳过其父母。

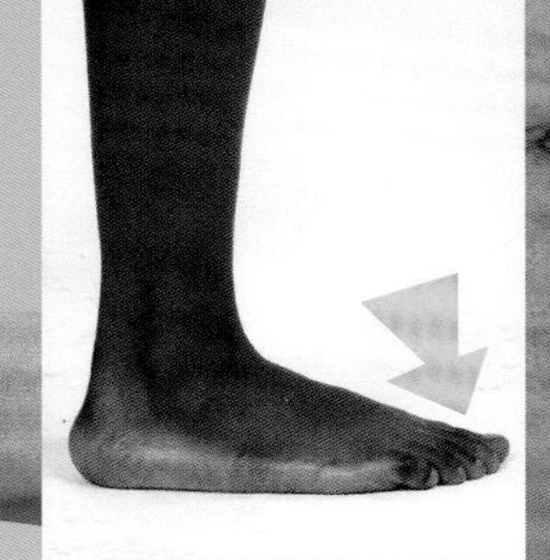

染色体图上包含影响眼睛颜色的基因。

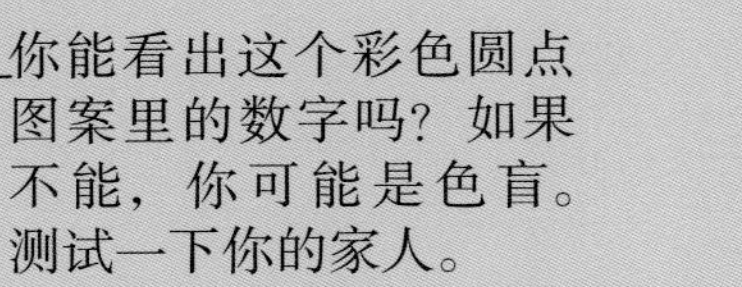

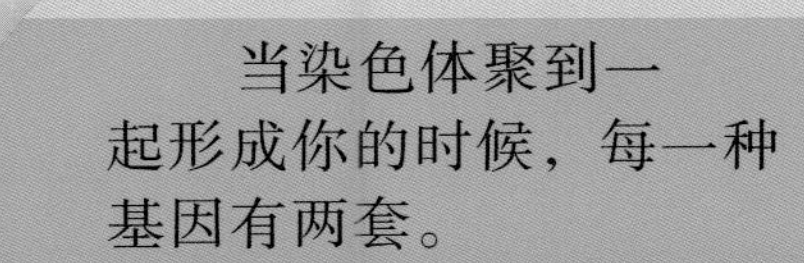

当染色体聚到一起形成你的时候，每一种基因有两套。

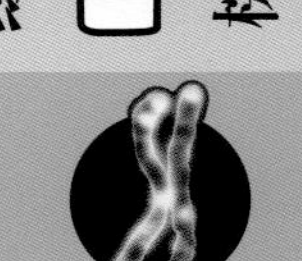

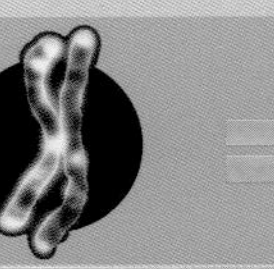

现在试试这个！利用基因测试，了解你可能继承了哪些特征。

你能不能将舌头卷成一个 U 形？

你的小拇指尖能不能弯向紧邻的手指？

你的耳朵底部是否能自然下垂？

当你笑的时候脸颊上是否出现酒窝？

你能不能将拇指向后弯曲超过 30 度？

你的脚趾中部是否长毛？

你有没有雀斑？

你的鼻子是否向上翘？

现在测试你的家人和亲属。记录他们的答案，并通过你的家谱追踪基因。

突变

有时，一个生物个体的细胞内的 DNA 可能会改变或损坏。这些**随机错误**被称为**突变**。变化了的 DNA 传递给后代，就会导致遗传变异，这是**进化**的基础。

赢家或输家?

突变是罕见的，但随着时间的推移，逐渐增强产生影响。被遗传的突变或许不会对个体产生影响，或许会对个体产生有害影响，或许会给予个体竞争优势。通过自然选择，个体要么继续繁殖并传递它的突变，要么死亡则突变中止。

中性

暹罗猫的一种突变基因，导致小猫出生时是白色的，之后在脸、爪子、尾巴上的某些地方长出色块。

有益

老虎有一种突变基因，使它们长有条纹。在过去，那些具有这种基因的老虎，能混杂在深草丛中，并且更容易捕捉食物并生存，因此它们的突变基因被传递给后代。

家，温馨的家

突变对于生物个体是有害的还是有益的，取决于它们的环境。在南极，海洋是觅食的最好地方，所以通过许多小的突变，企鹅已演变出脚蹼和发育不良的翅膀，非常适合快速游泳捕捉食物并逃避天敌。

我已忘记怎么飞了。

遗传突变产生 > 基因多样通过

谁得到什么？

突变可以从父母一方或者父母双方继承，这取决于变化是发生在隐性（弱势）基因上，还是发生在显性（优势）基因上。继承父母一方携带的一种突变显性基因的机会是50%。然而，继承一种突变隐性基因的机会只有25 %，而且这还是在父母双方都携带这种基因的情况下。

马恩岛猫基因是显性的。携带这种基因（雄性）的猫，将这种基因传给它们一半的后代。

有害

马恩岛猫携带一种突变基因，如果是从父母双方继承下来的，则能导致许多小猫生下来就已死亡或第一年内死亡。如果只从父母一方继承了这种突变基因，小猫能存活，但许多尾巴短粗或没有尾巴。

然而，这些突变在陆地上没有用。企鹅在没有水的环境中将无法生存。

什么会出错？

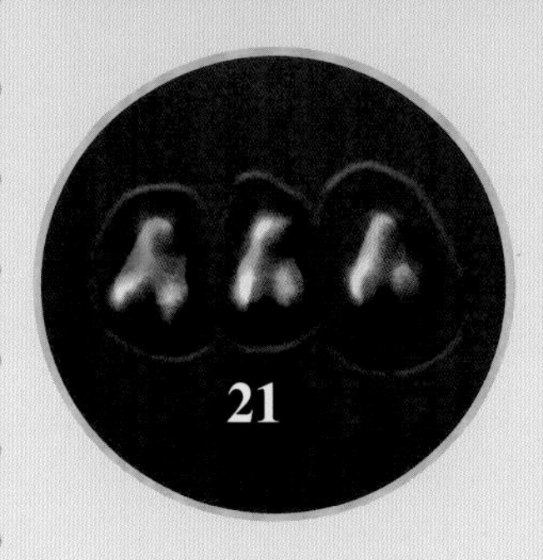

当细胞分裂和染色体的复制过程出错时，**DNA会改变**。基因可能被错误地复制。如果染色体断裂或DNA序列中出现更大的缺口，基因可能无法起作用。当一个额外的21号染色体出现在一个细胞中时，这一突变导致身体和心理的差异称为唐氏综合征。

当受到射线或化学物质影响时，**DNA可能被破坏，**且细胞不能完全自行修复。如果这一损害影响到生殖细胞，那么突变则可能被继承下去。由于人类分散在世界各地，被细胞吸收的阳光（紫外线辐射）的数量和质量，改变了肤色基因的DNA。

紫外线辐射造成DNA序列的一个隆起

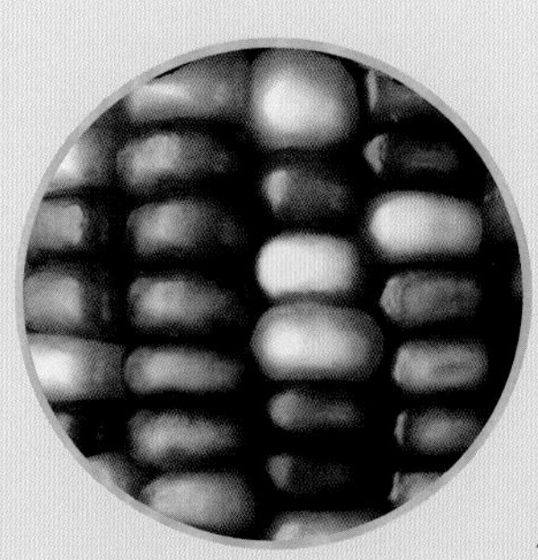

DNA的某些部分可以迁移到染色体的另一个位置上，往往导致基因突变。玉米的颜色图案就是这些“跳跃”的基因造成的。

DNA的可移动部分，要么复制自己，所以染色体上有它们的副本，要么像这里显示的那样从一个染色体“剪贴”到另一个染色体上。

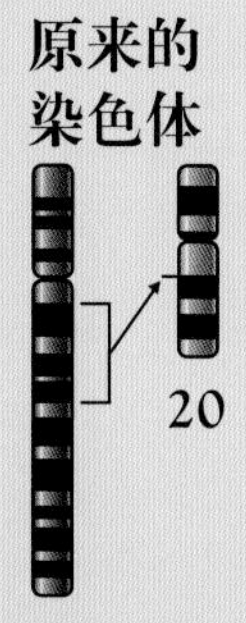

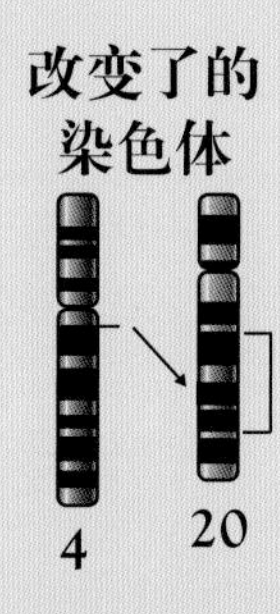

> 自然选择起作用＝物种进化

我们都是突

所有生物体都是突变体，也包括我们。由于我们都是从突变基因进化来的，所以我们彼此不一样。有些突变基因造成极为罕见的状况，且这些基因隐藏在“携带者”个体的DNA序列中，得以继续携带下去。有时，当携带者或携带者群繁衍了后代，这种状况会再次出现。

白化

影响皮肤、头发、羽毛颜色的基因经过突变在某种条件下能减少色素（颜色）的数量，称为“白化基因”。白色的动物，意味着它很容易被发现，成为天敌的猎物。

优于某一个？

在胚胎（卵）发育的早期阶段，这条蛇本来会发育成一对双胞胎，但由于基因突变停止分离，结果在一个身体上留下两个头。这两个头往往不一致，甚至企图吞下对方。

秃头

有些人有一种无毛基因，这意味着他们出生后会很快脱光头发。他们不仅没有头发，也没有眉毛、睫毛、鼻毛及体毛。他们需要额外的防晒、防菌保护。

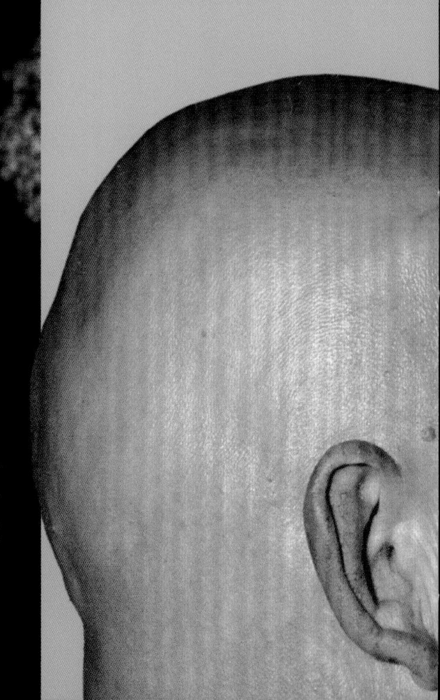

变体

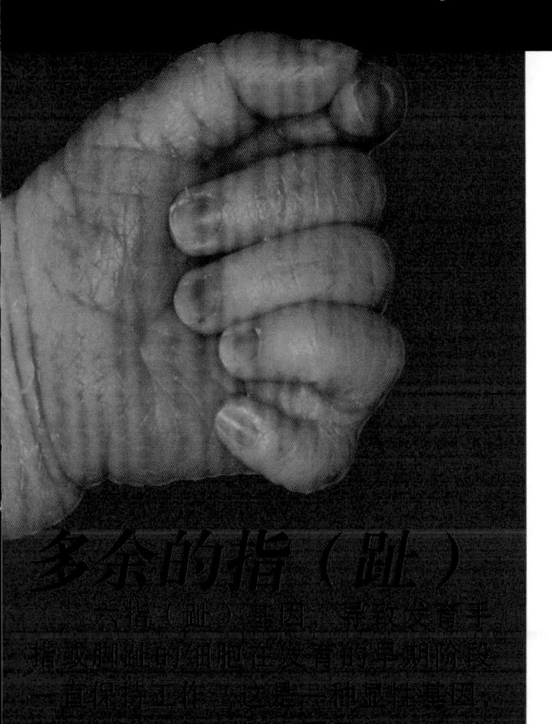

多余的指（趾）

六指（趾）基因，导致发育手指或脚趾的细胞在发育的早期阶段一直保持工作。这是一种显性基因，所以优先，但也极为罕见。

我长得矮胖。

我因2007年2月出生时多长了两条腿而出了名。

现在试试这个！

绘制一张肖像或使用自己的照片。通过变换大小或颜色，增加，或删除，改变你的三个特征。

你能想到在什么情况下，这些突变可能被自然选择，从而给予你一种竞争优势？

例如，使你的拇指变大，以帮助你快速移动游戏遥控器。在一个技术驱动的环境中，这一遗传突变，可能会作为一种有益的适应被自然选择。

不是不可能！大熊猫的拇指有一个变大了的腕关节骨——一种自然选择的突变，因为这能使大熊猫极好地握住它们最喜欢的食物——竹子。

曲折的前途……

准备好了吗？对达尔文没想到的另一个有关进化的爆炸性事件？自然选择并

下一代，有些则没有，而且永远消失，这些完全是随机的。这一过程被称为遗传

答案

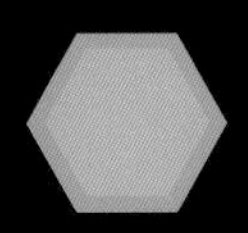

= 这个形状表示红鸢基因库大小的变化。

3

当新的基因进入，种群基因库也会增大。不同种群彼此交配繁殖，就会产生这种情况。基因的这一转移称为基因流。

2

当一种基因的突变基因存活，种群基因库增大。自然选择在起作用，选择最适应环境的变异。

欧洲红鸢种群的迁移模式是向南跨过欧洲到北部非洲，然后返回。来自不同种群的红鸢个体互相交配。

1

一个物种种群的所有基因集合称为基因库。包括所有基因的所有不同变异。

红鸢是一种食肉、食腐动物，已进化出巨大的翼和出色的视力，使它们能够找到地面上的动物尸体。

4

当动物死亡或不再繁殖，基因库则减小。遗传漂变的随机过程可能在小种群中更明显，减少了遗传变异。

这是迄今为止有关红鸢的故事。红鸢种群范围跨越中、北欧和北部非洲。

开始

自 16 世纪，红鸢在英国被视为有害动物而被捕杀。随着红鸢变得稀有，许多被捕获并被制成标本收藏。19 世纪末期，红鸢在英格兰和苏格兰已灭绝，只在威尔士的偏远地区仅存了极少对。

自然选择 + 遗传漂变

或命运

非是影响*哪些基因*能传给下一代的唯一过程。有些遗传变异成功传给

漂变，且更明显地出现在小种群中。

未来

8

自然选择的进程继续，选择最有利的遗传变异。

野外种群的数量在增加，并继续成功繁殖。迁移特性也得到继承，这意味着将来可能有更多的基因流。

7

保护物种不只是增加种群规模，还通过其他种群个体的引入创建拥有许多变异的基因库，提供更多的生存机会。

20 世纪 90 年代，红鸢由瑞典、西班牙、德国和威尔士被释放到苏格兰和英格兰适宜的栖息地。

有时，来自威尔士种群的鸢生来就有白色羽毛。罕见、往往有害的突变，在已通过遗传瓶颈的种群中变得更加明显。

5

当物种数量降到非常低，然后再次增加。这被称为通过了遗传瓶颈。

20 世纪 30 年代，红鸢的数量低到只剩下一只雌鸟。种群在逐渐增加，但都是她的子孙。

6

接近灭绝的物种，因为基因库小，面临着许多问题。

在威尔士红鸢的栖息地，气候恶劣、食物有限。由于杀虫剂和疾病导致兔子等猎物的死亡，在 20 世纪中期，红鸢种群恢复缓慢。

9

随机事件可能消灭具有选择优势基因的个体，哪一基因能继续存在仍是个碰运气的事。

鸢会被风力涡轮机叶片杀死或杀伤，会被用来毒死狐狸和乌鸦的非法毒药毒死，或因吃了毒老鼠而中毒。鸢也会因撞上喷气式战斗机而死亡。

= 基因库的大小

谜之谜

新的物种是怎样形成的？达尔文将这一问题称为“谜之谜”。这有许多种解释，被称为物种形成工程，但多数科学家认为，在岛屿上，地理隔离是一个主要因素。加拉帕戈斯群岛的许多种雀鸟因被达尔文研究过而著称，然而它们仍然是解释新物种是如何演化而来的一个很好的例子。

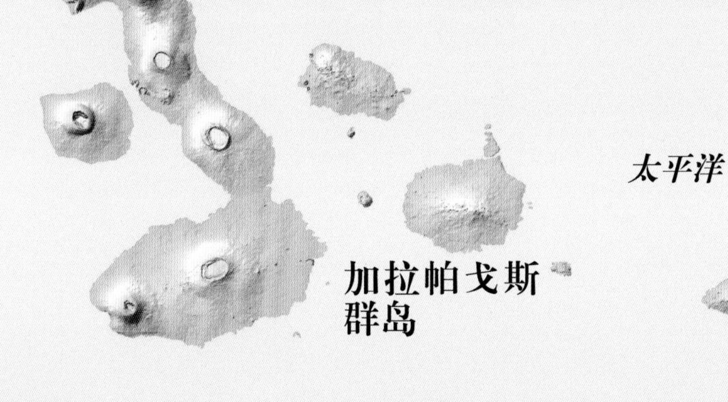

适应

在过去的三百万年，加拉帕戈斯群岛发生了变化：出现了新的岛屿，气候也变得更加多样化。因此，食物来源——植物和动物——也发生了变化。虽然是脆弱的小型动物，雀鸟依然借着风力飞到其他岛屿，并填补了新环境中合适的位置。

分隔

大约三百万年前，一群来自南美洲的地雀借着风力飞到加拉帕戈斯的一个岛屿。脱离了自己的种群，这些吃种子的鸟抵达了一个比较湿润的森林栖息地，在这里有很多完全不同的食物。它们的后代渐渐地适应了这里的生活，并占据它们自己的合适位置。由于有些鸟从地面迁移到树上，它们的体形因此改变；有些鸟改吃水果、花蜜、昆虫或蜘蛛，它们喙的形状也因此改变。

物种的形成就像在一个故事里，一些角色动身去冒险，它们的外貌

当同一种生物的两个种群变得如此不同，以至于再也不能成功地彼此交配繁殖时，一种新的物种就形成了。

识别

每个物种如何识别配偶？对于雀鸟，喙的形状和体形会影响它们的鸣声，雀鸟从父母那里学会它们这种雀的鸣叫声，并且只和同一种鸣声的其他雀鸟交配。

混合

有时，幼雀可能学了错误的鸣声，错误地与不同种雀鸟交配，生出杂交后代。有些杂交种可能无法生存或繁殖，但其他的可能会导致一个新物种的开始。杂交种的繁殖也使得遗传变异在不同物种之间流动，以使基因不致损失。

和行为改变了许多，当它们返回家园时，已经不能被认出来了。

基因里的

WOOOOOoooooooooo

基因记得过去。 这是一些科学家最近提出的理论。你的祖父母成长时的生活——他们呼吸的空气、吃的食物，他们的感觉、他们的所见所闻——影响你的健康和行为，而你怎样生活又会影响你的孙辈。这不仅是因为我们继承的DNA，那些附着在DNA上的影响标记更重要。

你真的会受到……祖父母生活的影响。祖父母一方接触过工业毒物可能是导致他们的孙辈患某种癌症的原因。

我们对我们的身体做了什么……

可能会影响到**我们**的子孙——他们会多幸福、会吃多少、可能会得什么病。

幽灵

情感

- 爱
- 恨
- 压力
- 平静
- 困难

食品和饮料

- 甜品
- 食物中的农药
- 酒精
- 罐装饮料
- 添加剂

化学品

- 喷涂剂
- 注射液
- 毒品，包括药品

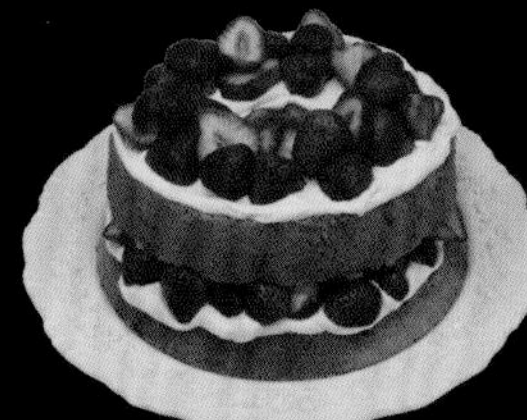

你身体的健康取决于……

你的祖父母吃了什么。我们祖父母的食量，会影响我们的基因能否应付我们吃得多或吃得少。如果他们吃得好，那么我们要是吃得好的话就会比吃得不好要寿命更长。

控制总台

每个细胞都在它的DNA中携带全部遗传密码。开启或关闭基因会影响这个细胞将分化成什么——肺细胞、皮肤细胞、脑细胞、眼睛的细胞等。

是什么在控制开关？

DNA包含控制基因的指令码，但它会受到化学标记的影响，后者能覆盖DNA指令。这些标记一生积累，并且由生活习惯造成。标记不仅造成直接的变化，也可能遗传给下一代。

这些标记通过隐藏某些基因、关闭某些基因同时开启另一些基因，而带来变化。错误的切换会造成健康和行为问题，如肥胖（超重）、糖尿病（血糖含量高）、精神病、癌症（当细胞分裂得太快），以及心脏病。

科学家正在研究是否能够控制这些开关。如果可能的话，也许有一天他们可以切换疾病细胞回到正常状态。

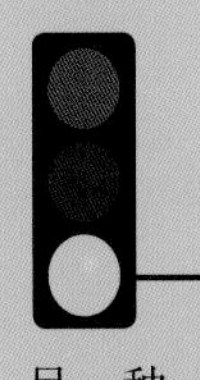

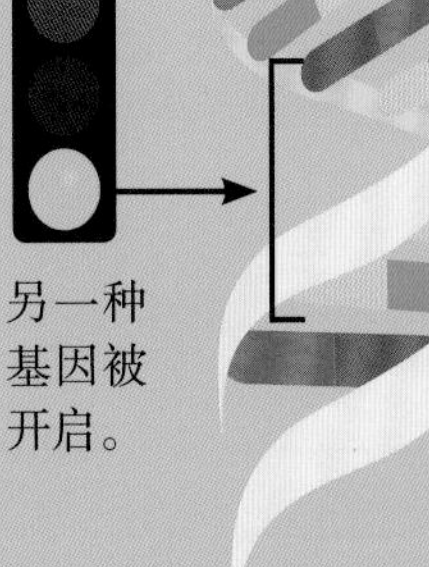

标记隐藏基因，将它关闭。

另一种基因被开启。

这个理论是不是很熟？

记得13页的谢瓦利埃·德·拉马克及他的有关动物在其一生中被环境改变的思想吗？他的想法很好，但用错了例子。

为了物种的利益?

蜜蜂、蚂蚁大军、群居的黄蜂属于群居性昆虫，形成庞大并且高度有组织的集群。进化是由个体成功地将基因传递给下一代所驱动的。然而，这些集群中只有少数个体生育后代，其余的只是照顾后代。那么，为什么集群会进化?

在集群里，每个个体都有分工。

蜂王几天之内与许多雄蜂交配，以得到更多样化的基因。之后，多年之内，她产下的卵有受精的，也有未受精的。

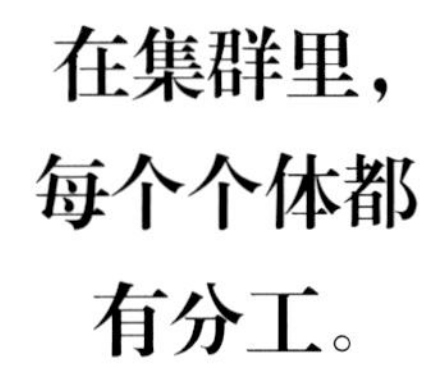

工蜂表演*摇摆舞*，指引其他工蜂能在哪里找到食物。基因控制工蜂一生的行为变化。

受精卵变成雌性蜜蜂，其中大部分将是工蜂。未受精卵变成雄性蜜蜂，称为雄蜂。

雄蜂

年轻的工蜂喂养幼蜂，并且照料蜂巢。她们控制用蜂王浆喂养以成为蜂王的雌性幼蜂的数量，以及雄性幼蜂存活的数量。

3 周后，工蜂离开蜂巢去采集食物。年长的工蜂收集花粉和花蜜。

但工蜂是为了整个蜂群的利益在工作，

家族命运

为什么鸟类可能会像年幼的雄性非洲白额蜂虎那样，待在鸟巢里帮助照顾父母的下一窝孩子？

非洲白额蜂虎

这种类型的自我牺牲行为出现在一些动物群体中。这种行为提高了亲属后代的成活率。但这是为了家族的利益，还是另有隐情？一个个体与其父母和其兄弟姐妹共享50%的基因，并有25%的基因与它的侄女、侄子或外甥女、外甥的一样。通过帮助集群，个体确保了它们的许多基因得以生存。这也使得它们在组成自己的家庭之前，学会一些有用的养育技巧。

超级姐妹

为什么工蜂没有后代？不同寻常的是，雄蜂来自未受精的卵，因此染色体数目只有雌性蜜蜂的一半（16）。雄蜂将他的染色体原封不动地传递给他的女儿，而雌性蜂王只能传递她的染色体的一半。

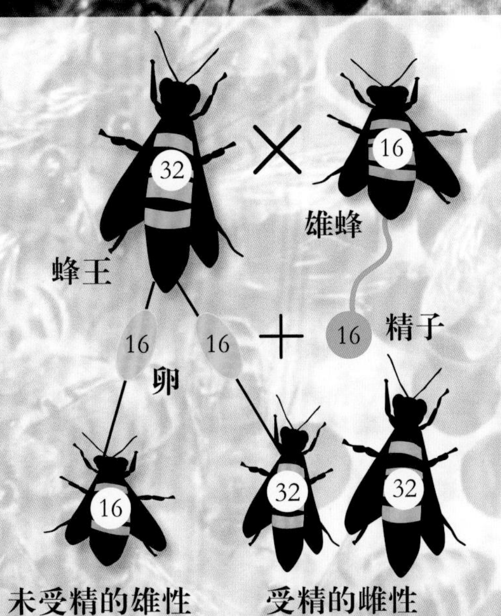

这意味着，有相同父亲的工蜂是超级姐妹，共享75%的基因（比她们和自己的后代共享的还要多）。因此，通过提高超级姐妹活到成年的数量，工蜂能够确保她们有更多的基因传递下去。

还是为它们自己的利益？

设计生命

我们现在可以做很多事情，不仅可以改变我们自己的基因，还可以改变**所有其他**动物和植物的基因。但是，我们操作基因的能力可以产生**正面的**影响，也可以产生***负面的***影响。我们可以做的事情，并不总是意味着我们应该做。正如在所有的辩论中，总有**赞成**和**反对**的理由。

生物多样性

这个星球上物种的数量及它们相互作用的方式，对保持所有生物体的健康和生存很重要。然而，人类活动正在推进许多物种的灭绝。物种的损失可能会带来灾难性的后果。当一个集群死亡，基因也随之消失。如果基因库缩小，变异就会减少，从而会限制生物体适应变化的能力。这使得该物种任何留下来的成员对它们生存环境的突然改变都很脆弱。如果这一物种是一个食物链的关键环节，也可能影响到依赖于它的生物体。

生物多样性减少，可能造成潜在

粮食作物

科学家们正在试图利用生物技术培育改良*作物*。*其主要目的*是提高作物在*不利环境的*生长能力，提高作物的营养价值，以及*抵抗*病虫害的能力。反对者认为，生物工程基因*可能会泄漏到*自然环境中，并可能影响到*野生*物种，也可能对食用这种作物的*人类*和动物产生未知的影响。

大根系能帮助植物吸收更多的水分和养分。右边这株植物经过转基因长出了更大更好的根。

设计婴儿

科学的进展意味着不仅可以使无法有孩子的人现在拥有了孩子，而且在某些情况下，可以选择让他们的孩子有一定的特征。如果家庭中有遗传性疾病，且只由一种性别携带或只影响一种性别，这样做是非常有用的。但是，正当许多人认为这是一种可以接受的基因技术时，科学家们受到了选择其他特征的压力，例如选择头发或眼睛颜色。从伦理上讲，这是否可行才刚刚开始辩论。

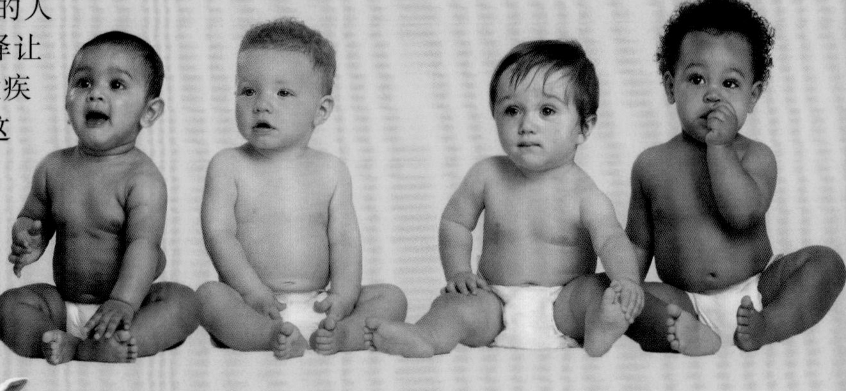

克隆

克隆技术就是从动物或植物体获取的细胞中提取其DNA，并注入另一个细胞，从而产生一个与原生物体完全相同的复制品。赞成的人认为克隆的好处是在较大的动物和植物种群中传播优良的基因，而不是等待杂交的结果。反对的人，则指出这些基因对物种的健康及物种生物多样性的影响未知。

的*有用*基因的*损失*。

侏罗纪公园

我们能复原恐龙吗？它们在电影里又回来了，但在技术上可能吗？我们真的想要复原恐龙吗？

倒退回鸟类

在现实生活中**重新创造一个灭绝的动物**比在电影里艰难得多。科学家们面临一些*问题*，主要的一个是遗传信息。动物一旦死了，其遗传密码也不会长久存在。***大多数化石***，包括恐龙化石，***都太古老以至于无法恢复任何DNA***。解决问题的一种方式大概是从一个现存的动物开始，然后向后倒推。我们知道，鸟类是恐龙的后裔，因此有可能通过开启或关闭鸟的基因重新创造恐龙。科学家已经成功地使鸟类胚胎发育出较长的尾巴及让覆盖着鳞片的腿上长出羽毛。

但是，纵使我们确实培育出一只新的恐龙，又能做什么呢？

嗥！！

复原恐龙，你可使用的最大的鸟蛋是鸵鸟蛋。这可能培育出一只与伶盗龙大小差不多的恐龙。

*霸王龙*是曾经存在的非常可怕的食肉动物之一。

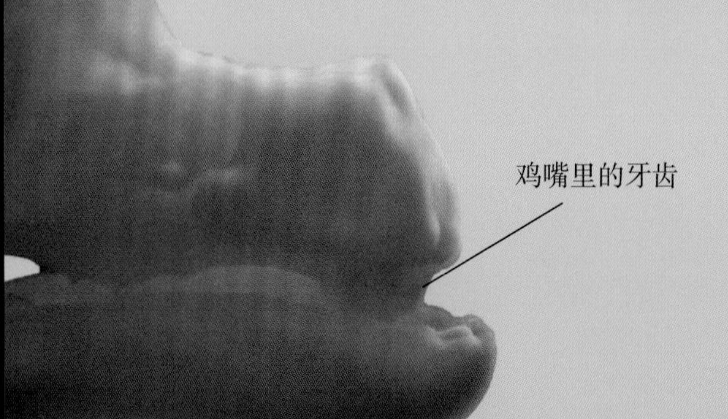

鸡嘴里的牙齿

罕见的母鸡牙齿

禽类没有牙齿已经有 7 000 万年了，但研究人员在突变鸡只的胚胎中发现了它们。有人认为禽类失去了牙齿代之以喙，但仍有长出牙齿的潜在可能。就像鳄鱼——恐龙的另一个具有牙齿的亲缘。

在影片《侏罗纪公园》中，科学家从被困在琥珀里的昆虫的肠道血液中提取了恐龙的DNA。科学家们试图在现实生活中做到这一点，但收效不大。相反，他们发现这些昆虫携带的是可以杀死恐龙的病毒。

制造开关

科学家们已经从一只灭绝的塔斯马尼亚虎身上提取了DNA，并将它植入一只小鼠的胚胎，以观察会发生什么。他们发现，DNA开启的基因产生出软骨，后来成为小鼠的四肢和尾骨。尽管不能还原塔斯马尼亚虎，但这表明，使灭绝的基因重新产生作用是可能的。

四肢和尾巴中形成的软骨

这就是它干的！

复原猛犸

比起复原恐龙，我们大概更有可能重新复原猛犸。它们大约在1万年前灭绝，而且有些被发现冻在冰层里。冰可以保存DNA，因此有可能从冰冻的猛犸身上提取精子或卵子，并把它们植入一头亚洲象。这样有可能带给我们一个至少一半是猛犸的动物。

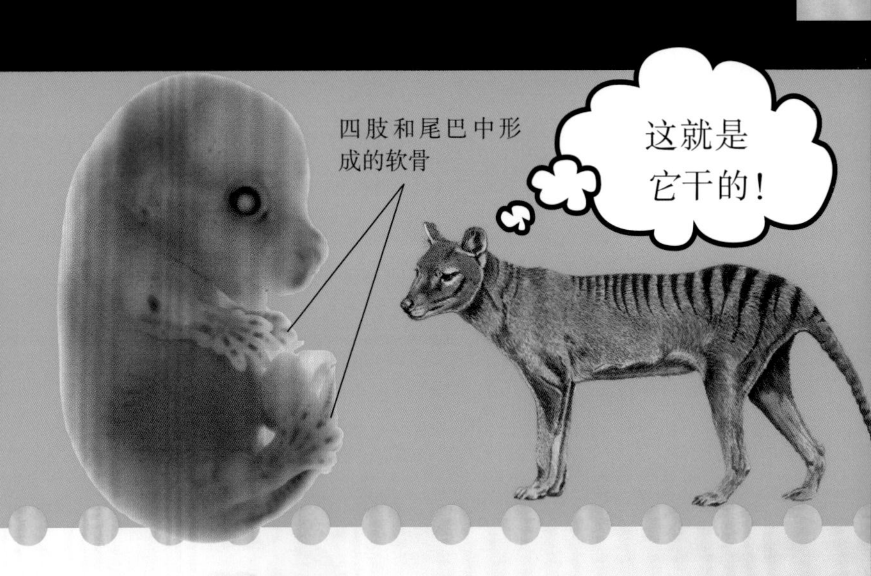

我看起来不吓人，但我有很大潜力！

从翅膀到前肢

通常，禽鸟的翅膀上不会长出指状物，但有时会作为爪子在幼鸟的翅膀上出现，如雌性苏格兰雷鸟或麝雉。由于基因已经存在，有可能把鸟的翅膀变回恐龙的前爪。

始祖鸟，早期的鸟类之一，长有牙齿、翅膀上的爪子及长尾巴。

雌性苏格兰雷鸟的翅膀爪

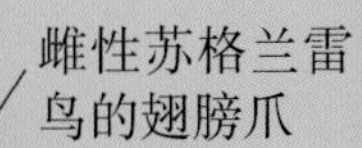

进化行动

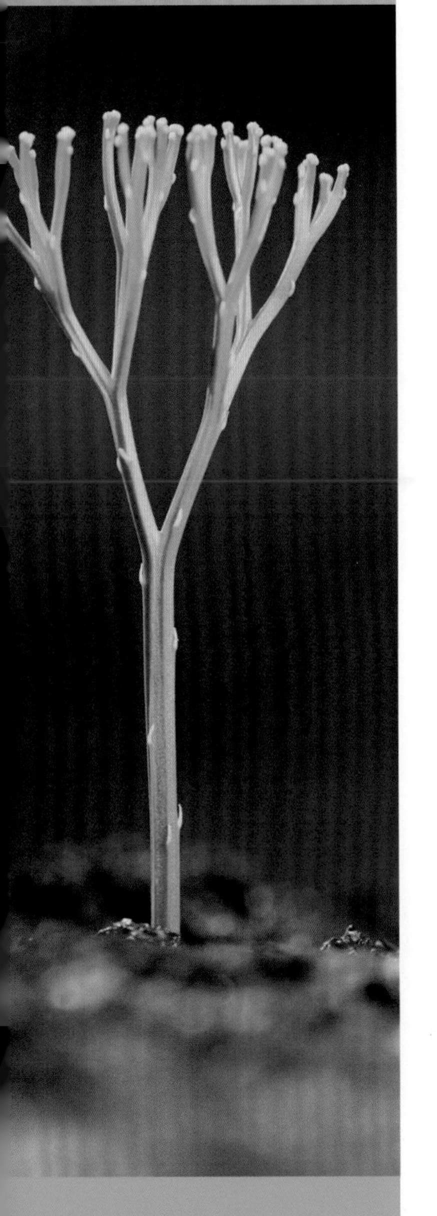

达尔文的许多进化理论都是基于他对事物的仔细观察。然而，许多极其重要的信息无法找到，达尔文只能寄希望于新的发现能证明他是正确的。

如今，科学家开始填补许多空白。新化石不断被发现，而且 DNA 技术正揭示着动物和植物物种之间惊人的联系。即便如此，我们对进化的理解仍有很长的路要走。

还有一个大问题：人类*是否仍在进化？或是否达到了最大限度？*我们只能拭目以待。

地球形成后，火山使大量气体升入天空，气候很炎热，且没有氧气。

生命的故事

我们的星球已存在45亿年。在其初期，地球是被有毒气体包围的熔岩星球。化学混合物被冲入海洋，在那里它们起了反应，并形成分子，分子开始复制自己。有些分子发生了微小的改变，这些被称为核酸的更好的复制者成为主宰。这就是自然选择的开始。

水下生命

一些科学家认为，生命可能是从海底喷口周围开始的。这些喷口从地壳深处喷出炽热的化学物质，为这些生命组合成更大的分子提供了能量。

分子（由原子组成）组合并复制自己的能力是生命出现过程中关键的一步。

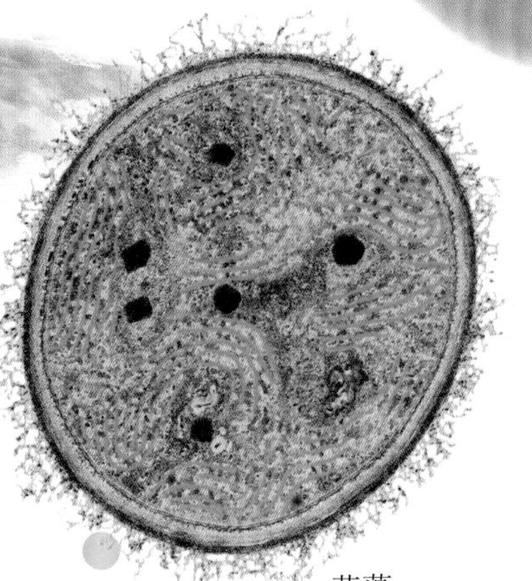

蓝藻

澳大利亚的活叠层石

38亿年以前，简单的单细胞细菌出现

蓝藻让地球有毒的海洋中逐渐充满了氧气

32亿年以前，大气层的氧气增加

40亿年以前　**36亿年以前**　**32亿年以前**

细胞

一旦一个复杂的化学DNA发展出有效的复制机制，下一步便是将它封入一个隔膜，保护它不受外部环境的影响。这些简单的生物体就是最早细菌的原型。

增加氧气

蓝藻（蓝绿色藻类）的出现，是使得地球上的海洋适于生物生存的第一步。它们利用光合作用产生氧气，这是一个利用太阳光将二氧化碳和水转化为糖类和氧气的过程。

叠层石

叠层石是蓝藻形成的石块结构。蓝藻将氧气释放到大气层中，与紫外线发生反应，在地球周围形成臭氧保护层，遮挡有害射线使生命不会受其伤害。

最早的动物

多细胞动物的第一个重要证据是在加拿大的埃迪卡拉化石中被观察到的。它们主要是软体类、蠕虫类或水母类动物，但它们显示出许多新的生物形态已演化出来。

这一前寒武纪时期的化石，被认为是一个埃迪卡拉水母。

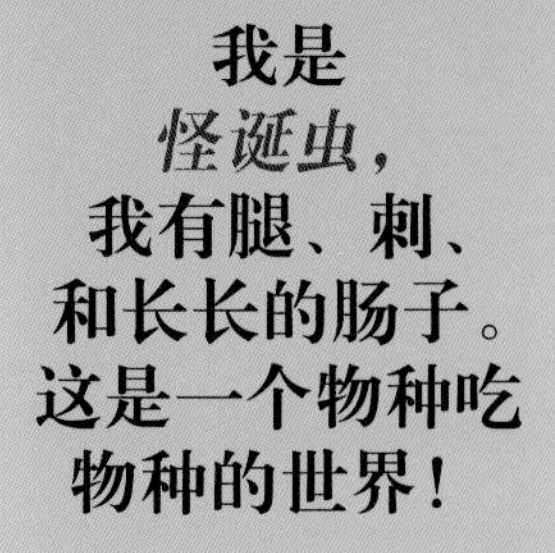

我是*怪诞虫*，我有腿、刺、和长长的肠子。这是一个物种吃物种的世界！

地衣是藻类和真菌的组合体。

原生生物是有核的单细胞或多细胞生物体。它们是所有植物、真菌和动物的祖先。

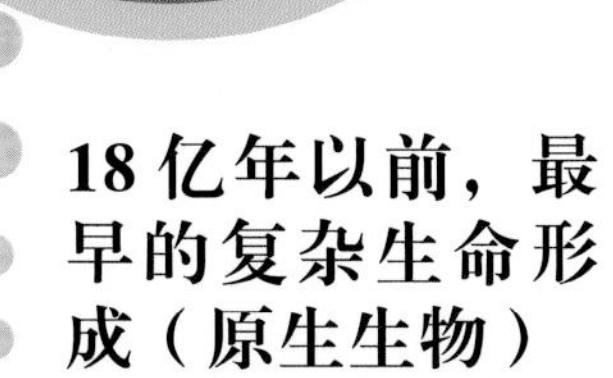

地衣

地衣是长满地面的最早的复杂生物体。它们从大气层中吸收大量二氧化碳并转换成氧气。由于二氧化碳水平下降，气温变冷，这可能引发了一系列全球冰期。氧气的增多，也使早期的动物生长得更大、更复杂。

嘣！寒武纪大爆发

突然出现的大量早期寒武纪时期的新物种化石，令达尔文感到困惑。这一生命形式的大爆发，可能是由于迅速上升的氧含量或是由于得到大量新的栖息地。

18 亿年以前，最早的复杂生命形成（原生生物）

63 500 万年以前，最后的全球冰期结束

7亿年以前

63 000万年以前

54 200万年以前

13 000 万年以前，最早的真菌

冰雪地球

地球在其早期历史时期曾多次变成巨大的“雪球”。尽管冰有几百米厚，有些藻类、细菌和真菌设法生存了下来，因为它们所含的蛋白质已演化成能在寒冷条件下生存。

快餐

许多早期寒武纪时期进化的动物所具有的特征显示，动物已开始互相吃对方。动物也进化出了坚硬的壳、脊骨和用于奔跑的脚，同时，也有了牙齿和内脏。

寒武纪

54 100 万年 ~ 48 500 万年以前

寒武纪，动物的生命形式真正开始多样化。在赤道附近，几乎没有高于海平面的陆地。由于大气中仍然没有多少氧气，一切生命都生活在海中。有丰富的海绵、蠕虫、软体动物和珊瑚动物。三叶虫，一种硬壳无脊椎动物，形成了它们最初的模样。许多寒武纪动物有着已不复存在的奇怪形状和特征。陆地上的植物这时还没有形成。

奥陶纪

48 500 万年 ~ 44 300 万年以前

奥陶纪初期，大陆开始漂移到一起，并最终在南极被冰覆盖。最早的珊瑚出现，同时还有蜗牛、蛤和鱿鱼类动物出现。甲壳无颌鱼游动在海底的海百合丛中。少数节肢动物开始迈出登陆第一步。

志留纪

44 300 万年 ~ 41 900 万年以前

在奥陶纪结束时期，冰开始融化，造成了全球海平面上升。许多物种从此消失，为取而代之的其他物种创造了机会。无颌鱼的数目不断增加，并开始移向淡水河流。与此同时，有颌鱼类出现，还有巨型蝎子在海底出没，以及珊瑚形成大型珊瑚礁。最早的植物开始在陆地出现。

三叶虫 主宰海洋达3亿年。它们长着独特的眼睛，能使它们看到自己的猎物。

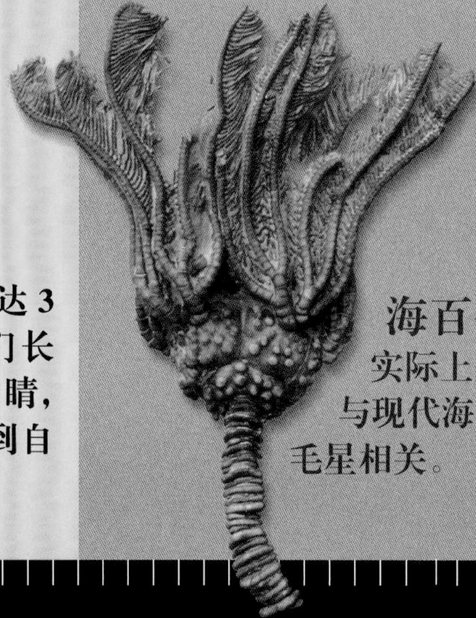

海百合 实际上是动物，与现代海星和羽毛星相关。

最早的**陆地植物**看起来非常像现代的有着简单的根的裸蕨类植物。

54 100 万年以前

48 500 万年以前

44 300 万年以前

腕足类（灯贝）在寒武纪海底常见。它们今天依然存在，但只有少数几种。

全新的外壳

靴头海果

这个奇怪的动物被认为是所有脊椎动物的祖先，包括人类。

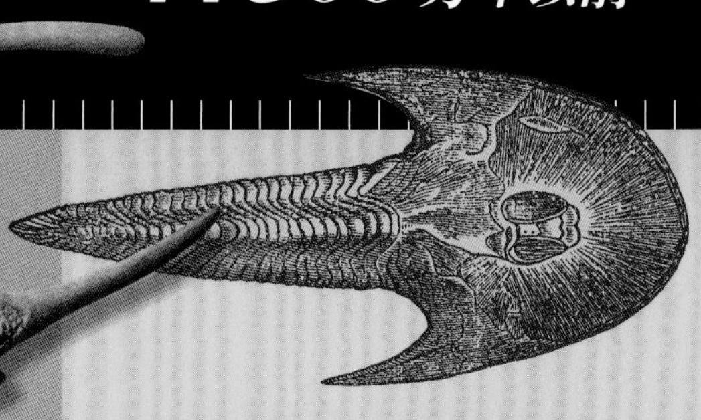

最早的鱼，**没有颌骨**。有些鱼的头部覆盖着一块**骨板**，作用像一块**盾牌**。它们还有一个内部骨架，支撑肌肉组织。

泥盆纪

41 900 万年 ~ 35 900 万年以前

这时期的水生物中，鱼类——原始鲨鱼的数量开始增加，以及最早的硬骨多鳍鱼类出现。菊石是最新出现的软体动物，而三叶虫开始衰落。到泥盆纪末期，多鳍鱼类已经开始用它们的鳍行走，并作为最早的四足动物来到陆地上。植物在陆地上迅速分化，为无翅昆虫提供了家园。

石炭纪

35 900 万年 ~ 29 900 万年以前

这一时期，沿海沼泽地主要生长着大型原始树木，形成广袤的森林。四足动物开始在陆地上行走，并进化成两栖动物。昆虫长出翅膀，飞向天空。海洋生物繁盛——软体动物、珊瑚、海百合类应有尽有。鲨鱼类也很普遍和多样化。石炭纪末期，最早的爬行动物从可产在陆地上的卵中出现。

二叠纪

29 900 万年 ~ 25 200 万年以前

所有大陆连在一起，形成超级大陆——泛大陆。这使得海岸线长度减少，许多海洋动物灭绝。大陆的内地形成大片的沙漠。最早的种子植物（针叶树）和苔藓类植物出现。两栖动物和爬行动物开始多样化，包括即将演变为恐龙和哺乳动物的组群。

化石树干

四足动物一小步等于进化一大飞跃。

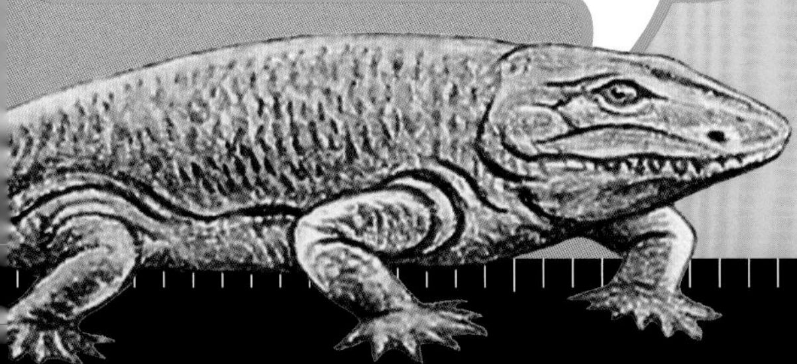

想过煤炭是从哪里来的吗？在沼泽中，死树干被泥覆盖和挤压，就形成煤层。

异齿龙，一种类似哺乳动物的爬行动物，长着吃肉用的特殊牙齿。

41 900 万年以前　**35 900 万年以前**　**29 900 万年以前**

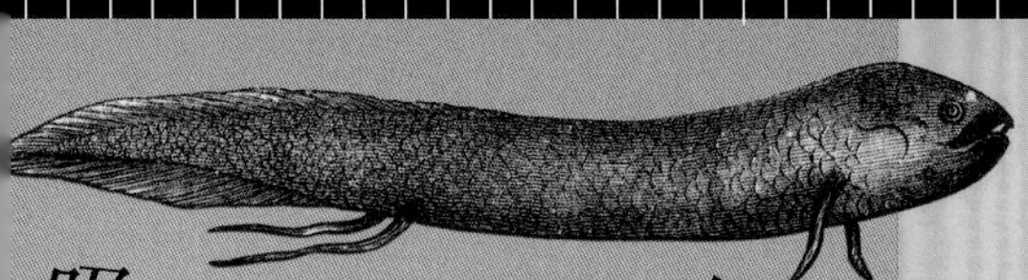

吸一口新鲜空气……

肺鱼是一种多鳍鱼类，已进化成拥有肺和鳃，以便它们从水面吸气。

现在试试这个！

了解你所在地区的岩石，及其属于哪个地质时期（当地的图书馆或博物馆应该能够提供帮助）。然后收集在这些岩石中发现的化石的照片，并绘制一张几百万年前生活在你所在地区的生物的地图。

腔棘鱼类是鱼的一个组群，一直被认为已经在白垩纪末灭绝，直到 1938 年抓获了一条。

三叠纪

25 200 万年 ~ 20 100 万年以前

三叠纪温暖干燥的气候，非常适宜爬行动物在陆地上繁衍。它们还在天上飞（翼龙），或在海中游（鱼龙）。早期的鳄鱼和海龟栖息在河岸。在海中，有丰富的菊石，且海星和海胆在那个时期最早出现。松柏类、银杏、苏铁类以及种子蕨类植物替代了成煤树木，且最早的有花植物也开始萌发。小型夜行哺乳动物免于灭绝，标志着这一时期的结束。

侏罗纪

20 100 万年 ~ 14 500 万年以前

侏罗纪以恐龙时代而著称。巨大的蜥脚类恐龙吃苏铁和蕨类植物，是食肉跃龙和斑龙的捕食对象。最早的鸟类由生有羽毛的小型恐龙演化而来。现代鲨鱼出现，且两栖动物开始看起来更像现代的青蛙和蟾蜍。泛大陆开始分裂，形成大面积的洪水。

白垩纪

14 500 万年 ~ 6 500 万年以前

现代大陆开始形成。这是巨型恐龙的时代，尤其是像霸王龙这样的肉食类。有花植物开始繁盛，多样化的昆虫为它们授粉。鸟类推动了翼龙的灭绝。新的哺乳动物出现，包括有袋类哺乳动物的祖先。

现代木兰（右）从它们最初进化（左）以来变化不大。

早期的**鸟**，看起来仍像它们的**恐龙**祖先，长有牙齿和翼爪。

快跑，孩子们！

25 200 万年以前　**20 100** 万年以前　**14 500** 万年以前

鱼龙，类似海豚的爬行动物，畅游在三叠纪海洋中。

蜥脚类，如腕龙，是一种大型草食性恐龙。

大带齿兽

大带齿兽是一种凶悍的小型哺乳动物。它的皮毛为它在夜间寻找食物时保暖。它能产卵并照看幼崽。

第三纪　第四纪

6 600 万年 ~260 万年以前　　260 万年以前 ~ 现在

大灭绝

大量物种，包括恐龙的灭绝，标志着白垩纪的结束。没有人知道发生了什么，但许多人认为是因为地球受到了小行星的撞击——掀起尘埃，改变了气候，并破坏了食物链。那些能够适应新环境的物种成为幸存者。

哺乳动物成为分布最广泛的生命形式，填满了爬行动物和恐龙留下的栖息地。大多数现代种类的鱼、无脊椎动物、鸟类、昆虫及有花植物，都是在此时期进化而成的。最早的人亚科（早期形式的人类）在第三纪结束时出现。气候开始急剧降温，有利于草地的生长和放牧。

这一时期从冰期开始。大陆已经到达了目前的位置，但一些大陆架使得物种可以穿越大陆。巨型哺乳动物，例如猛犸，已经适应了寒冷，但由于气候变暖开始绝迹。人类的捕杀可能加速了这一进程。大型食肉动物，如萨伯瑞齿猫科动物和洞穴熊，也消失了。许多人种在进化过程中绝迹，留下智人成为唯一的幸存者。

6 米高的**大地懒**，长得太大，以至于无法悬在树上。

剑齿虎类猫科动物是当时最凶猛的食肉动物。

霸王龙

6 600 万年以前　**260 万年以前**

我们最早的**祖先**出现在约 500 万年以前。

我们来了

现代人，也就是智人，出现在 25 万年以前。直到 25 000 年前，我们与尼安德特人相伴，一起生活，他们更强壮且长得粗矮。目前还不清楚到底发生了什么事情使他们在地球上消失了。

缺失的环节

达尔文进化论面临的最大问题之一，是显示进化过程的化石记录的缺口。地质学在当时是一门新的学科，且测定岩石和化石的年代非常困难。此后，许多新的发现，帮助填补了这些空白。

从鳞片到羽毛

被发现的早期的“缺失环节”之一是始祖鸟，有翼的化石显示了从恐龙向鸟类的变化或过渡。之后一些有羽毛但不能飞行的恐龙化石被发现，包括一只驰龙，它从头到尾长着柔软的羽毛，表明具有保暖用途的羽毛可能最先得到进化。

鱼足动物

提塔利克鱼，一种鱼和四足行走动物之间的过渡形式，它的化石显示了这个“鱼足动物”如何演化出腕关节和脚趾骨，使其能够用它的鳍支撑自己。头部上方的孔，显示其可能通过原始肺吸入空气。

写在石头上

这一页来自1880年出版的一本图书，显示了博物学家和地质学家如何试图将所发现的化石与它们所在地区的岩层顺序相匹配。

蛙和蝾螈

一种兼具了蛙和蝾螈特征的两者的祖先在2008年被确定。它的拉丁文名称为*Gerobatrachus hottoni*（意思是“霍通的老青蛙”），形状像蝾螈，但有一个像蛙一样的头部和下巴。蛙和蝾螈，现在被认为早在24 000万年～ 27 500万年以前就分化成不同的物种。

"恼人之谜"

达尔文的"恼人之谜"是：有花植物是如何在很短的时间内繁盛和多样化的。2006年，研究人员在太平洋的一个岛屿发现了一种灌木，可能是13 000万年以前进化的最早的有花植物。这种灌木有一种独特的结籽方式，这可能表明它有针叶树祖先。现在，地球上有超过40万种有花植物。

鸭嘴兽

当第一个鸭嘴兽样本从澳大利亚被送来时，所有人都认为它像是鸟类、爬行动物和哺乳动物的仿冒品。遗传测试表明，它确实是三者的混合。鸭嘴兽是爬行动物中最早的哺乳动物分支。它通过产卵繁殖后代，但又像其他哺乳动物那样分泌乳汁。它也似乎独立于它的爬行动物祖先，已经进化出分泌毒液的能力。

哺乳动物耳朵的进化

哺乳动物耳朵的进化，可以从鱼、两栖动物和爬行动物化石中清晰地追踪到。哺乳动物的内耳有三块小骨头，开始时是鱼的颌骨。随着时间的推移，它们改变了形状和功能，萎缩并从颌移出。这使得哺乳动物演化出优良的听觉。

现在试试这个！

挑选任何两种看起来非常不同的动物，如鱼和鳄、蜥蜴和鸟，或爬行动物和哺乳动物，看看你是否可以画出它们形成现在这种身体结构及生活方式所经历的阶段。

岛屿相隔

许多岛屿有着其他任何地方都没有的植物和动物。它们的祖先自从脱离大陆，或游、或飞，或通过木筏被携带到岛上以来，就生活在岛屿上。一旦上了岛，动物和植物便适应并占据新的或空出的合适位置。

马达加斯加

非洲

马达加斯加

马达加斯加是世界上极具生物多样性的岛屿之一。16 500万年以前与非洲大陆脱离。这是任何非洲大型哺乳动物，如大象和长颈鹿等得到进化之前很久的事，这就是为什么它们没有生活在那里的原因。

干得好，我带了我的救生圈！

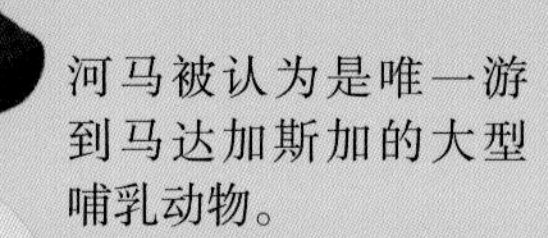

河马被认为是唯一游到马达加斯加的大型哺乳动物。

澳洲

这是两类特殊哺乳动物的家。单孔类动物包括针鼹鼠和鸭嘴兽，有袋类动物包括袋鼠、考拉、负鼠、袋狸、袋熊。

加拉帕戈斯群岛

南美洲

加拉帕戈斯群岛

这是一群太平洋地区的火山熔岩岛，从未与大陆连接过，所以岛上的所有物种都来自其他地方。即使这些群岛也有相似的动物和植物，但许多已经变得适应了当地的环境，且与其他岛屿上的相应动物不再相同。这些可以从雀鸟不同的喙，以及陆龟的壳和个头大小反映出来。

因为没有天敌，加拉帕戈斯陆龟个头长得非常大。

有时，岛屿上的进化不都是一个方向。研究人员在加勒比海发现，安乐蜥被飓风卷入大海，最后来到新的岛屿，在那里它们与当地的种类交配繁殖。这混合了蜥蜴的基因库，并减缓了进化。其他岛屿动物，通常是鸟类和蝙蝠，已返回大陆并经演化适应了新的家园。

安乐蜥

马达加斯加以其独特的动物而著称。这些动物包括灵长类（狐猴、马达加斯加狐猴以及狐猿）、马岛猬及变色龙。自从岛屿被人类占领以来，许多较大的动物，如巨型狐猴、大龟、侏儒河马、象鸟等已绝迹。其余的也受到失去栖息地的威胁。

环尾狐猴

马岛猬

杰克逊变色龙

哎！澳洲在这里，队友！

虽然澳洲是一个岛，但非常接近印度尼西亚岛屿，使得人类和动物可以跨越。在某些情况下，经过演化已经适应了当地生存环境的本地动物和植物要面临入侵物种的竞争。野狗取代了被人类猎杀而灭绝的塔斯马尼亚虎，成为最大的食肉动物。甘蔗蟾蜍作为一种控制虫害机制被引入甘蔗地，但因为没有天敌，现在它们本身成了害虫。

没办法。我要去美洲，美洲有大量的树木。

有些负鼠，在大陆分裂之前就来到了新的世界。

澳洲野狗

海洋鬣鳞蜥不得不变得习惯于吃海藻。

加拉帕戈斯群岛上的雀鸟演化出不同的喙，以适应每个岛上可吃的食物类型。

加拉帕戈斯群岛

相同，但不一样

所有的生命形式，都会发展适应其所栖息的地方、所吃的食物或其如何行动的特点。这往往导致物种之间即使***不相关***但看似相似。以下面五种动物为例：

蝙蝠和鸟类都会飞，*但它们的翅膀不*

蝙蝠用快速的划桨动作飞行。

用这些指头好好地抓一下真的很难。

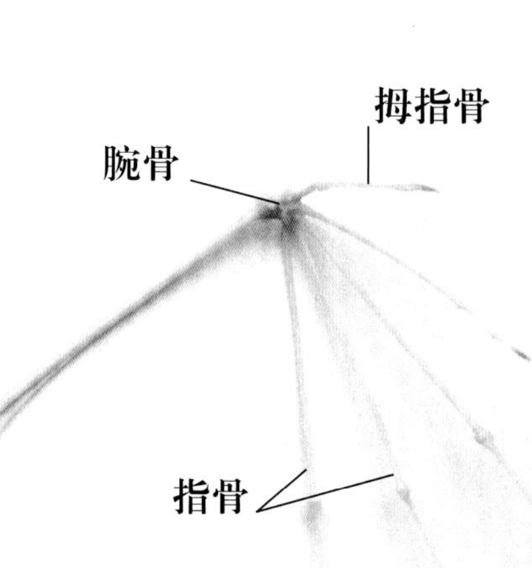

这是翅膀的事

它有翅膀，但它是鸟吗？不是——它可能是一只蝙蝠或昆虫。两种动物只是具有相同的特征，并不意味着它们有共同的祖先。有时因为动物具有相同的功能，使它们的外形看起来相同。鸟类和蝙蝠没有共同的有翼祖先，所以它们的翅膀显示的差异很大。

蝙蝠

看一下这个蝙蝠骨架，它的前肢骨骼与人类的非常相似。但是，与我们精致的手指不同，蝙蝠有超大的指骨用来支撑坚硬的翼膜。蝙蝠通过伸缩它们的指骨改变翅膀的形状，使它们很容易回旋。

相似之处

- 一只灵活的鼻子帮它们挖出昆虫。
- 它们有一个能诱捕蚂蚁和白蚁的长长的黏舌头。食蚁兽可以一分钟内将舌头伸进伸出 150 次。
- 它们产生大量的唾液保持舌头的黏性。
- 都有强壮的爪子用来挖掘蚂蚁丘。
- 土豚和犰狳仅有少数槽牙，其余的都没有。

非洲的穿山甲，以及澳洲的针鼹鼠。

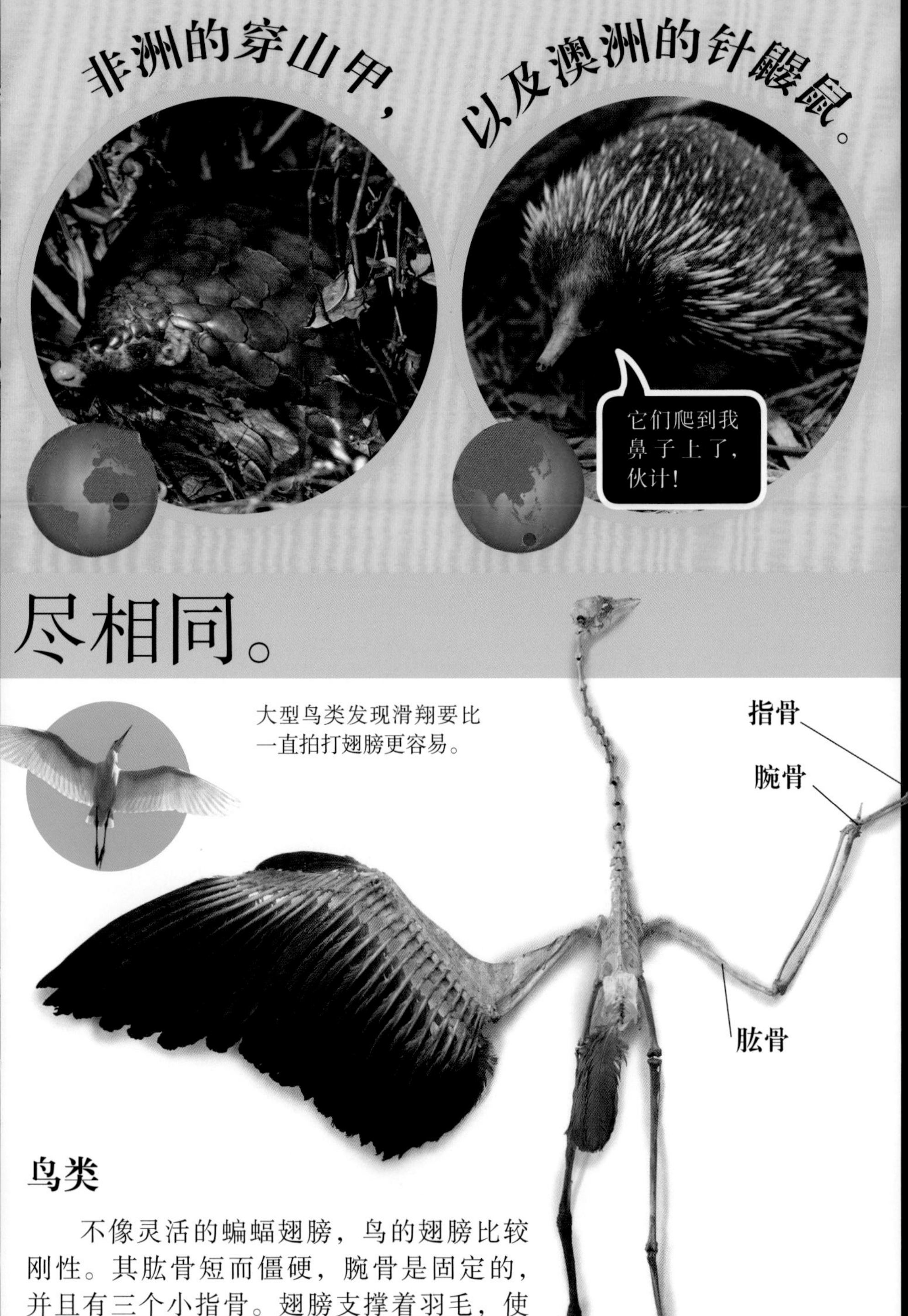

尽相同。

大型鸟类发现滑翔要比一直拍打翅膀更容易。

鸟类

不像灵活的蝙蝠翅膀，鸟的翅膀比较刚性。其肱骨短而僵硬，腕骨是固定的，并且有三个小指骨。翅膀支撑着羽毛，使它们难以迅速改变方向。

平行进化

无亲缘关系的物种沿相似的路线发展，以在它们的环境中充当相同的角色。这一现象被称为趋同进化。有亲缘关系的物种，如美洲和非洲的豪猪，也可以在同一时期发展出同样的特征（在这个例子中，是指豪猪身上的刺），即使它们已经分离了数千年。这个过程有时被称为平行进化。

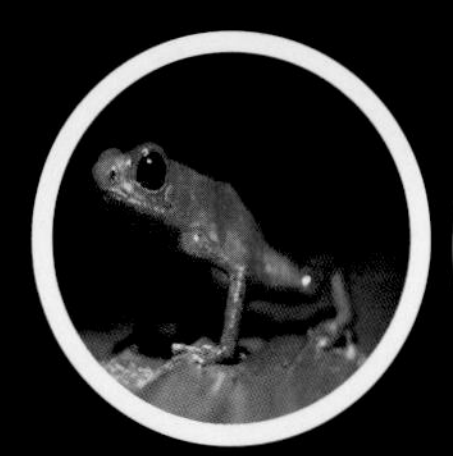
箭毒蛙

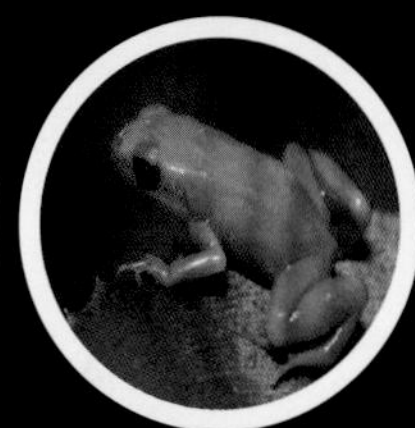
曼蛙

小心蛙类

南美箭毒蛙和无亲缘关系的马达加斯加曼蛙，都演化出一种构造，把吃进的蚂蚁身上的毒素储藏在皮肤里。它们还有明亮的肤色，作为一种警告。

考拉

人类

指纹嫌疑

考拉是为数不多的长有指纹的非灵长类动物之一。它们的指纹几乎与人的指纹相同，且每个考拉的指纹都不同。然而，它们的近亲——袋熊，就没有指纹。指纹上的指脊有助于动物抓住东西。

胚胎

胚胎：动物出生或孵化前的早期阶段。

许多动物的胚胎在发育的早期阶段看起来非常相似。有些特征将继续发育成为肢体、牙齿或尾巴，有些则会在动物出生之前消失。

肢芽

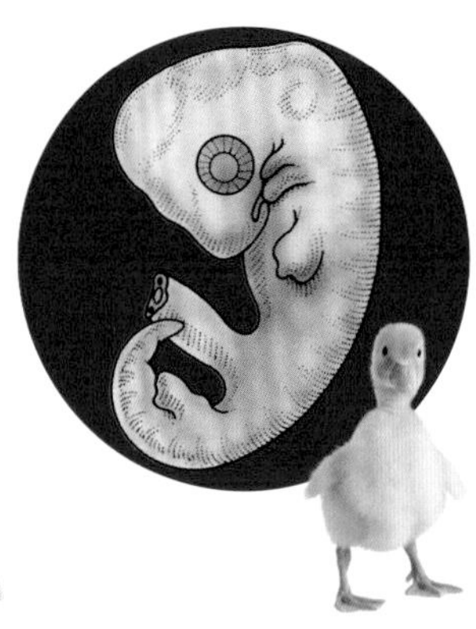

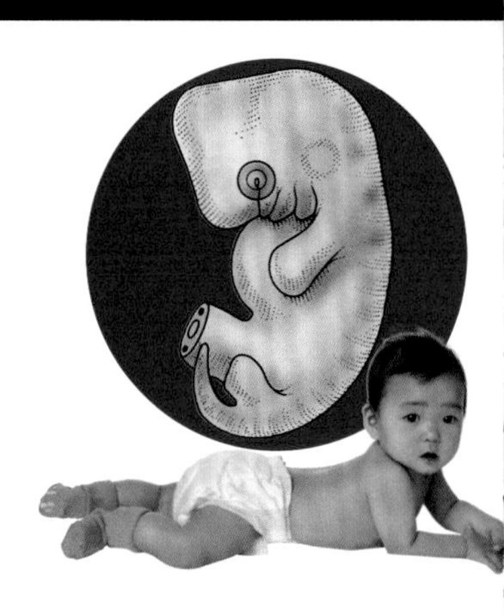

看出差别

一般来说，胚胎的发育是按每一结构的进化顺序进行的。脊骨是所有脊椎动物最先发育的特征结构之一，其一端是头部，另一端是尾。然后四肢的胚芽出现，同时眼睛也会出现。在随后的几个星期，随着有些基因关闭而另一些基因开启，胚胎逐渐变得不同。

那个是从哪儿来的？

偶然情况下，一只动物出生时会带有祖先才有的器官或结构。尽管它对现代动物没有用，但这一器官的再次出现，证明了遗传变化导致了新物种的产生。

它们的足趾

现代马，只有一个足趾，但它们最早的祖先有多达5个足趾。有时，马驹出生时中趾的两侧有两个小趾。

吹牛大话

人类婴儿出生时带有短尾巴的故事似乎令人难以置信，但有时会发生。所有的人都有长尾巴的基因，但通常会在发育的早期被关闭。

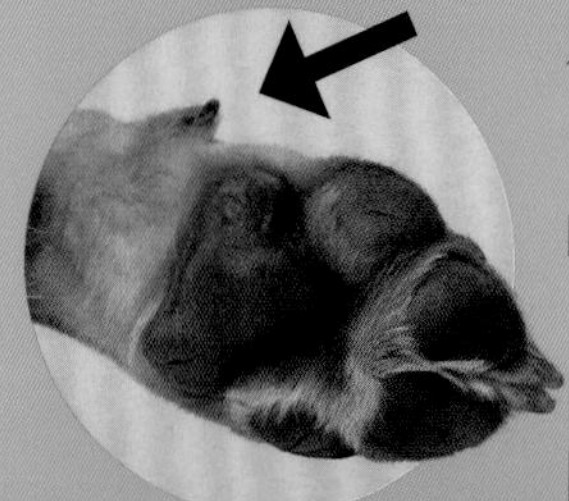

爪子

狗的每只爪上有四趾。有时候，在后腿或前腿较高处长出一个额外的“水珠”爪。为防止训练时受伤，它们往往被除掉。

惊人的跳跃

有些鲸鱼和海豚体内有小骨头，显示它们曾经有后腿，它们的祖先能在陆地上行走。这些小骨头偶尔作为极小的后脚蹼重新出现。

正当你认为有些东西你不再需要时，它

恩斯特·海克尔

海克尔是一位德国生物学家，绘制了一系列不同发育阶段的胚胎，以说明他的理论：动物胚胎发育经历着类似于它的成年进化祖先所经历的阶段。后来证明，胚胎看起来像其他亲缘关系较近的物种，而不是它们的祖先。

斑点和条纹

不管动物发育出条纹还是斑点，都取决于两种相互作用产生胚胎皮肤上的斑点图案的化学物质。这些化学物质开启或关闭皮肤颜色，并且决定斑点的大小。如果其中一种化学物质过多，斑点将合拢成条纹。动物的大小也是关键——非常小的动物，如小鼠，没有斑点。很大的动物，如大象，斑点都非常小，全都模糊在一起了。

斑点在条纹之前形成。所以，有斑点的动物可以有带条纹的尾巴，但有条纹的动物不可能有带斑点的尾巴，因为它们的斑点已经伸展成条纹了。

闲置

许多现代生物体，有着对它们的祖先来讲很有用的结构。有时，这些结构改变了用途，但更多的是，它们已变得没有用或仅有有限的功能。

轻轻拍打

鸵鸟和鸸鹋粗短的翅膀，不再能用来飞行。相反，用于奔跑时使自己保持平衡，并且在求偶时通过轻轻拍打翅膀来显示自己。

独自成长

蒲公英会产生与另一株蒲公英交叉授粉的花朵。如果没能产生，则该植物会通过自体受精产生种子，种子将长成与亲本植物一样的复制品。

摸索着走

鼹鼠和洞穴蝾螈有眼睛，但不用。它们在黑暗中生活得太久，除了亮光和阴影，它们的眼睛看不见其他任何东西。

隐藏的翅膀

许多种蠼螋有一对后翅折叠在皮革似的前翅下面。即使能飞，但蠼螋很少到处飞——打开翅膀所需时间太长。

你能猜出哪些是

我们知道，**人类**与黑猩猩和类人猿家族的其他成员有关系。如果我们更进一步追溯，就会发现，我们与鱼类、爬行动物和昆虫有共同的祖先。最后，

答案

①河马是与②鲸关系最近的现存亲戚。鲸曾经有四条腿，并能在陆地上行走。

③熊、④海豹和⑤狗是亲缘关系比较近的肉食动物，但是在猫和鬣狗的进化树的不同分支上。

有些⑥蛇有髋骨，表明它们曾像它们的堂兄妹⑦蜥蜴一样有四条腿。

⑩鸟类是由⑧恐龙演化而来，且二者都是爬行动物的后代。与鸟类的亲缘关系最近的现存爬行类动物是⑨鳄。

近亲吗？

每一种生物都会发现它的祖先是生活在***数十亿年以前***的细菌。有时候很容易发现系谱关系，但连接并不总是显而易见的。看看你是否能答出哪些是近亲？

答案

⑪仙人掌及⑫云纹掌都是沙漠植物，但它们是不相关的。它们是趋同进化的一个例子（见 76–77 页）。

⑭鲎其实并不是真正的蟹，且与⑮蜘蛛的关系比与⑬蜘蛛蟹的关系更近。

⑰儒艮是与⑯大象亲缘关系最近的现存动物，且二者都与⑱蹄兔有亲缘关系。

⑳黄蜂和㉑熊蜂是近亲，但⑲食蚜蝇不是。它们已经演化得看起来像黄蜂，以抵御捕食者的捕食。

系谱树

马常常被用来作为进化的一个典型例子。马的化石很多，显示数百万年发生的微小变化。有些马的体形变得高大，然后再次变得矮小；有些保持着三个足趾；有些则在迅速多样化的同时又同样迅速地绝迹。这些化石还表明，同一时期存在着许多种具有不同特点的马。

扩展

进化很少沿着物种到物种的直线发展。相反，它更像是一棵有着许多枝条的树。当一些枝条枯死时，又长出新的枝条。马的系谱树有比在这里显示的更多的分支，但这里显示的是演变成现代马及其近亲的主要路径。所有其他经过数百万年进化的马种都已绝迹。

现代家养的马

现代马

自从冰期开始美洲马灭绝以后，所有现存的马都源于旧大陆血统。包括斑马、驴、中亚野驴，以及西藏野驴。

真马

最早的现代马，身高像驴一样。它们有长脖子和长腿，灵活的口鼻部，以及长长的下巴。牙齿直冠以便于吃草。它们迅速蔓延并多样化，贯穿整个旧、新大陆。

1 500
万年
以前

侧足趾萎缩，只剩中间的蹄。

上新马

曾经被认为是真马的直接祖先。上新马逐渐失去了侧足趾而靠单一的蹄子奔跑，但它的牙齿弯曲且脸部不同于现代马。

中新世

2 300 万年 ~ 530 万年以前

1 700
万年
以前

足部变得适应在硬地上跑动。

中新马

这些动物仍然为3个足趾，但踮着脚，以便跑得更快。中间的足趾开始发育成蹄子。口鼻部看起来更像是马。

渐新世

3 400 万年 ~ 2 300 万年以前

3 600
万年
以前

三个足趾触地，但仍是肉趾。

渐新马

这些马有比较长的腿，且前后腿都有三个足趾。脸部也比较长，且牙齿开始适应吃坚韧的草。

始新世

5 500 万年 ~ 3 400 万年以前

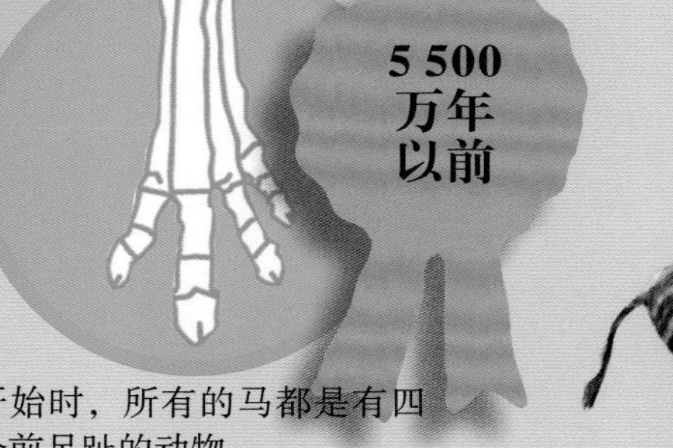

5 500
万年
以前

开始时，所有的马都是有四个前足趾的动物。

始祖马

马的祖先个头大小如狗。前足四个足趾，后足三个足趾，且是肉趾，而不是蹄子。它们的牙齿表明它们以植物的嫩叶为食。

斑驴归来

斑驴是平原斑马的亚种，消亡于19世纪70年代。它与斑马不同，只有颈部和头部有条纹，而身体的其余部分为棕色。利用从斑驴标本上提取的DNA，科学家破解了斑驴的遗传密码。目前正在尝试通过选择条纹较少且呈棕色皮毛的现有斑马进行选育，重新创造斑驴。

大象鼻子

大象的鼻子是一个令人惊叹的进化发展的例子。实际上，它是鼻子和上唇的结合物，随着大象祖先体形变高、牙齿变长而伸长。有着这样一个沉重的头部，大象需要一种简易的方式去接触地面。

你的鼻子能这样吗？

满利象兽

这种半水栖动物个头较小，且有很长的、可移动的上唇。它有较突出的门齿，但还没有长成长牙。

古柱牙象

*古柱牙象*被认为是象系谱最早的祖先。满利象兽和埃及象兽被认为是进化树上的早期侧支。

嵌齿象

嵌齿象有四颗象牙，底部的两颗嵌入铲状的下颌。随着动物体形增高，象鼻开始变长，以帮助它们取食和饮水。

原始象

*原始象*是所有现代象的祖先。它有较小的底部牙齿，以及比嵌齿象更长的鼻子。

埃及象兽

埃及象兽长着一个短象鼻，由鼻子和上唇形成。它还有较短的上、下象牙，以及较长的下唇。

乳齿象有锥形的牙齿，用来弄碎灌木丛和树木的嫩枝和叶子。它们生活在沼泽和林地附近，并可能用它们的象牙敲击树木。

3 400万年以前

2 300万年以前

始新世　渐新世　中新世

的由来

亚洲象鼻子的末端只有一个突出物，所以它们不得不将物体卷起。

在基普林的《原来如此的故事》中，大象到河里去喝水，鳄鱼抓住了它的鼻子，大象试图把鼻子拽出来，结果鼻子越拉越长。

猛犸没有你想象的那么大，它们与现代象的大小相同，但有较长的象牙和高圆形头顶及肩膀。象鼻长到地面，且有两个灵活的突出物以抓起树叶。

互棱齿象

猛犸和现代象的牙齿演变出一道道硬脊，更适合粉碎坚韧的草。

猛　　犸

亚洲象比非洲象更接近于猛犸。它们的头顶稍圆，但只有雄性长有象牙。象鼻的末端相当敏感，不仅用于呼吸，还用来吸水。象鼻可以捡起物体，挥舞起来具有攻击性。

亚洲象

非洲象

非洲象的头顶比较平，且不论雌雄都长有象牙。其鼻端长有两个突出物，能够捏在一起捡起细小的物体。

乳齿象是进化树上的早期分支。它们已没有了底部的象牙，但上面的牙齿长而弯曲。它们有一个低且呈半球形的头部和毛茸茸的外皮。

乳齿象

掩齿象

530万年以前　　260万年以前　　1万年以前

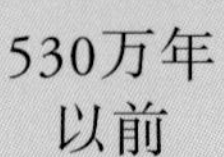

上　新　世　　更　新　世　　当　　今

从猿到人

相关事实

走出非洲

达尔文有关人类是猿的后裔且从非洲而来的思想使许多人烦恼。在那个年代，证据很少——只发现了少量的尼安德特人的头骨和骨骼。后来，早期类人猿的骨骼、最早的直立人样本、爪哇早期人亚科被发现。接下来，是可追溯到30 000年以前来自欧洲和印度尼西亚的智人样本的发现。直到1967年，在埃塞俄比亚发现了更早的智人化石。这些化石已被追溯到195 000年以前，证明达尔文是正确的。

***人类的进化*比任何哺乳动物的进化都引人注目。**没有其他物种发展得像人类这样快，或比人类在世界上占据的地方多。现代人，即智人，是一系列类人动物中的最后一种。我们的早期祖先，体型比较小，且比较像猿类。他们用两只脚走路，但膝盖和臀部弯曲。他们吃树叶和果实，但离开丛林来到稀树大草原上寻找其他食物。由于饮食的变化，需要更坚固的牙齿和

一切始于我开始直立行走，并迁出森林……

我已能行走自如，但仍不会跑。从形体上讲，我变得更高、更强壮，我要到处走走。

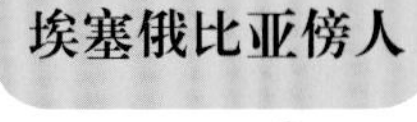

始祖阿德猿

阿纳姆南猿

阿法南猿

非洲南猿

卢多尔夫人

人类的进化用了500万年。许多种类在我们之前

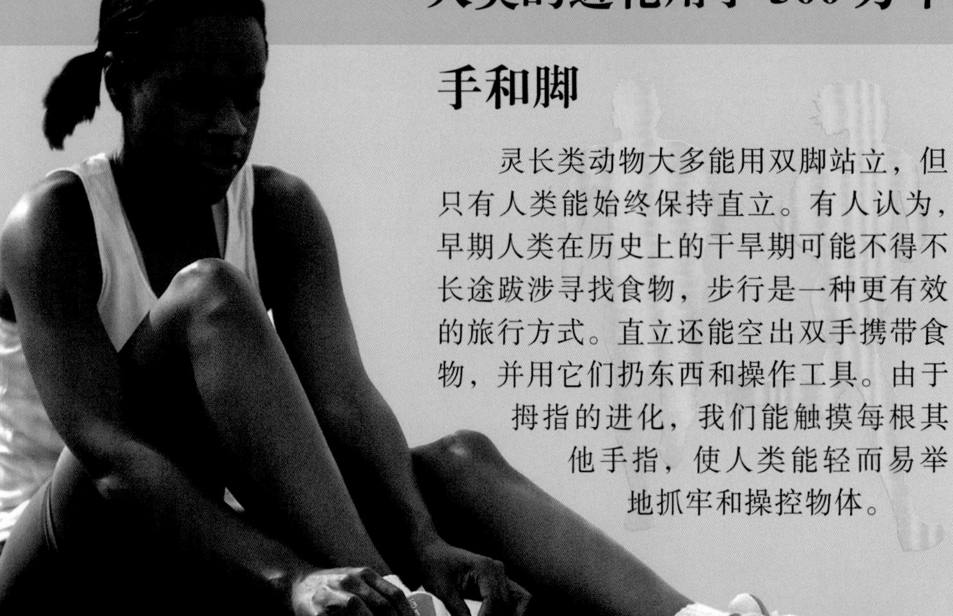

手和脚

灵长类动物大多能用双脚站立，但只有人类能始终保持直立。有人认为，早期人类在历史上的干旱期可能不得不长途跋涉寻找食物，步行是一种更有效的旅行方式。直立还能空出双手携带食物，并用它们扔东西和操作工具。由于拇指的进化，我们能触摸每根其他手指，使人类能轻而易举地抓牢和操控物体。

缺少体毛

与其他灵长类动物相比，人体上的毛很少。有人认为我们演化出这些特征可能是因为：

1. 这使人们更容易在浅水中寻找食物。
2. 这有助于人们在炎热的稀树大草原上更快地降温。
3. 这有助于减少身上的寄生虫。

幸运的是，人类学会捕捉动物和利用它们的皮毛在夜间保暖。

颌骨，使得脸部形状和头骨得到逐步改变。南方古猿类群被认为是最早人种的祖先。这一直立人亚科新的分支，发展了使用工具和猎取肉食的优势。饮食的改善导致大脑容量的增加和能力的增强。他们发展了语言，开始社群生活，并以群体形式一起劳动。你是智人的后裔。

相关事实

“哈比”人

非常小的人亚科化石的发现，引发了一场关于这是否是一种新物种、佛罗勒斯人或是患有侏儒症的人类种群的争论。如果这是一个新物种，则是存在最久的非现代人类，仅在12 000年以前绝迹。

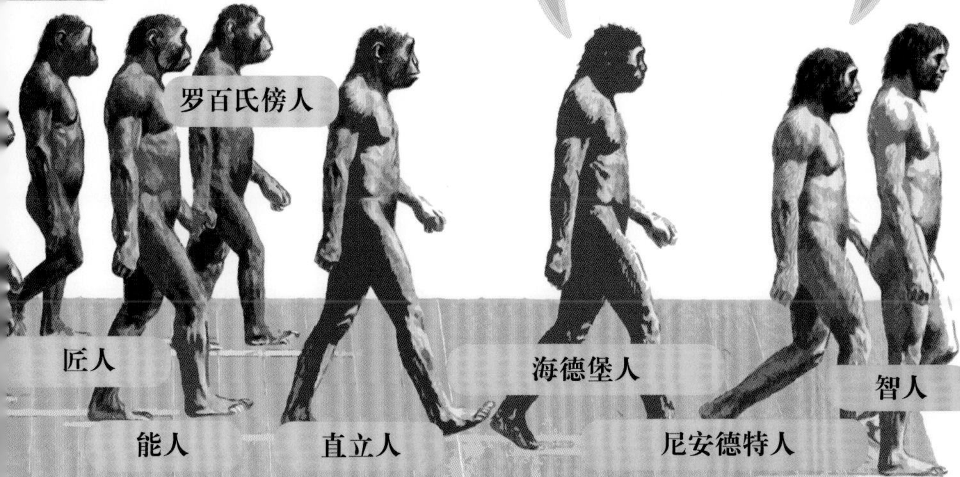

你内心的鱼

人类打嗝的原因，可能要追溯到我们的水栖祖先。负责控制呼吸的膈神经是鱼类和两栖动物遗传给哺乳动物的，但在陆地上呼吸空气时表现得不那么完美。它能使膈肌痉挛，引起打嗝。

消失，我们是唯一留下来的一种。

增加脑容量

人类进化最重要的趋势之一，是脑容量从400立方厘米增加到今日的大约1 400立方厘米。科学家认为，随着我们饮食的改善，摄入更多的蛋白质、脂肪和更好的碳水化合物，为大脑的工作提供了更多的能量，所以脑容量增大，从而导致智力和技能的提高。

我的大脑有很多褶，给予我社会技能、工作记忆、语言和感知能力。

人脑的增长超过了我们头骨内的空间。大脑不得不将自己折叠起来以便能容纳进颅骨。

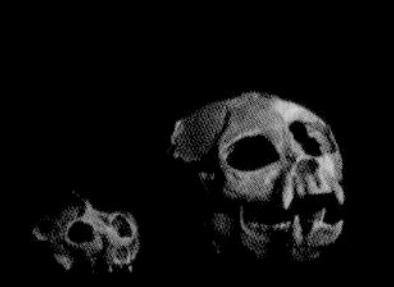
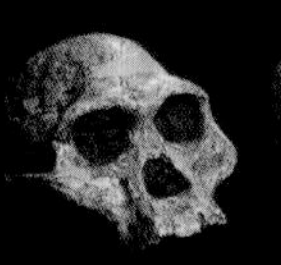
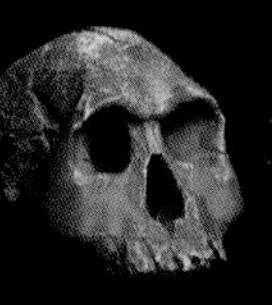

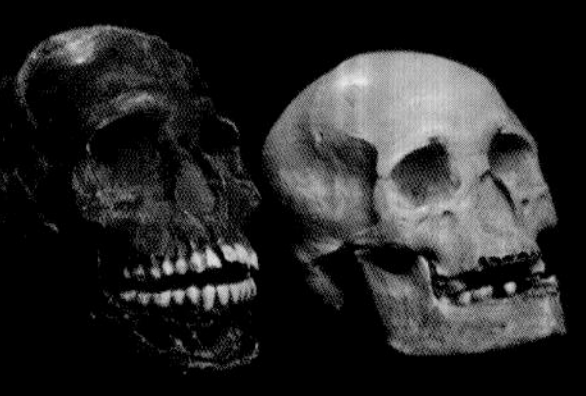

随着我们从猿进化到现代人，脑容量在逐渐增大。

人类行为

我们为什么会有这样的行为？在我们的形体明显得到进化的同时，我们的思维能力也取得了很大的进化飞跃。然而，仍然有许多我们出于本能所做的事情，有其过去的根源。

从这里开始

人类与其他动物的主要区别之一是语言。我们的交流能力，从使用简单的手势和表示具体事情的声音开始。渐渐地，我们开始将这些组合在一起，表达难于用单一词汇表达的想法。随着词汇使用方式的发展，形成了语法规则。这使得我们可以用有限的词汇表达无限的想法。

面部表情

我们每天常常在毫无意识的情况下拉动脸部，无须语言就无误地表达了意思。有些表情已演变成一种方式，以此来表达感情和改变其他人对我们的反应。其他的表情，如厌恶，是对某种特定刺激的生理反应。

高兴

悲哀

愤怒

恐惧

许多面部表情

狩猎者 对 采集者

许多男性和女性的行为可以追溯到我们的狩猎一采集祖先。那时，男子将猛犸肋骨带回家，而妇女照看洞穴和孩子。这也许就是为什么男人可以查阅地图和妇女喜欢购物的原因——这些恰好是我们在稀树大草原上所做的一切。

猎人不得不记住地点（因此，培养了查阅地图技能）。

采集者寻找最好的水果灌木丛（有些像购物）。

攻击性来自捍卫领地、遭遇野兽和作战。

关怀是从养育孩子及照看部落的其他人中本能地产生出来的。

擅长跑、跳、投掷和捕捉猛犸。

擅长操作细小的物品和记住把东西放在了哪里。

喜欢互相竞争，并以团队形式与对手部落竞争。

希望与每个人搞好关系，使部落和谐合作。

注重与他人的等级关系（谁处于支配地位）。

注重家庭关系、感情及与社会的联系。

以交流为手段解决问题，并建立地位。

通过交流建立社会联系和密切关系。

喜欢玩有固定规则、竞争性强、能决出胜负的游戏。

喜欢所有选手做同样事情的游戏，如滑冰或骑马等。

婴儿学说话

所有婴儿，都有天生的语言学习能力。他们只不过是通过听周围人的讲话来捕捉言语。随着他们渐渐长大，语言模式就固定在他们的大脑中。成人往往很难学习新的语言，就是因为在一个已被“硬连线”的大脑中固定新的语法模式是非常困难的。

厌恶 惊喜 产生兴趣

世界通用。

幽默感

所有的人都本能地会笑，但我们如何识别笑话？一种可能性是，我们的大脑识别一种模式并为之感到惊喜。婴儿在学会说话之前，就会在涉及惊喜的游戏时笑，如躲猫猫。随着我们长大，我们开始认识到语言的各种模式。笑话是使用出人意料的语言，我们会作出笑的反应。

幸存的疾病

对我们的脑力、体能及纯粹的创造力而言，人体还远非完美。它能被入侵的生物体侵袭，有少量我们不需要的部位，以及运转得太过精细的构造。那么为什么，尽管得到所有其他的进化发展，我们对疾病还是如此的脆弱？

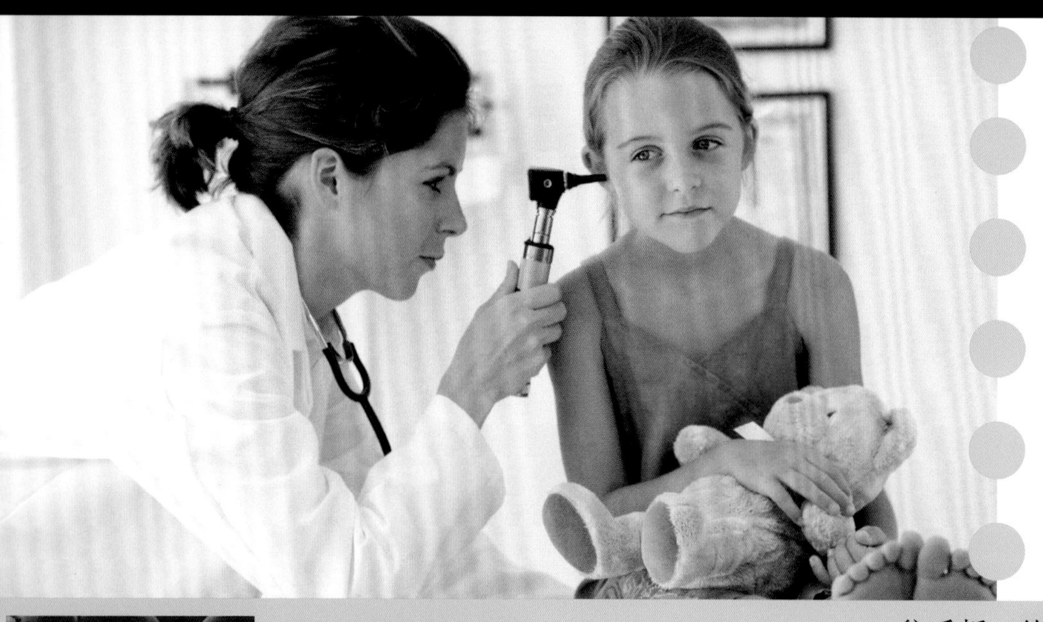

回归自然

所有的生命体都会生病，人类也不例外。许多医生正在研究进化是如何形成人体及其系统的，以及为什么给我们留下了如此多的问题。疾病可能由有缺陷的基因、入侵的病菌、身体的缺陷及我们自身的防御机制造成。我们还面临着许多自然界没来得及处理的新问题。检验我们的过去可能有助于我们有一个健康的未来。

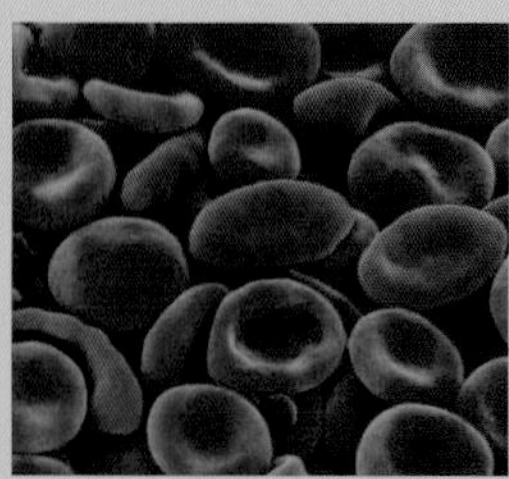

优点和缺点

镰状细胞贫血是一种常见疾病。它影响红细胞，将红细胞弯曲成僵硬的形状，使它们阻塞血管。从父母每一方都继承了一个镰状细胞基因的人会遭受疾病的袭击，且往往夭折。然而，拥有一个这种基因的人对疟疾有抵抗力。在炎热的国家有许多人死于疟疾，没有镰状细胞基因的人便更有可能患疟疾，所以即使它能导致疾病，镰状细胞还是有益处的，这就是为什么这种基因能存活的原因。

防御机制

我们为什么咳嗽？咳嗽是在清洁我们的肺部。没有咳嗽，我们将无法摆脱可能会导致窒息或肺部感染的刺激。许多我们认为是症状的反应，其实有助于人体抵抗疾病。发烧是一种蓄意的体温增加，帮助杀死病毒和细菌。当你呕吐时，你就摆脱了会破坏人体系统的毒物。

多余之物

阑尾是一小块似乎没有多大用处的肠道。从理论上讲，进化早就应该将它除掉了，因为如果它被感染，就可能使我们致死。医生目前认为，阑尾可能是发生腹泻期间隐藏肠道细菌的地方。阑尾的大小似乎至关重要，一个又小又薄的阑尾更容易发炎，所以自然选择可能有利于相对较大的阑尾。

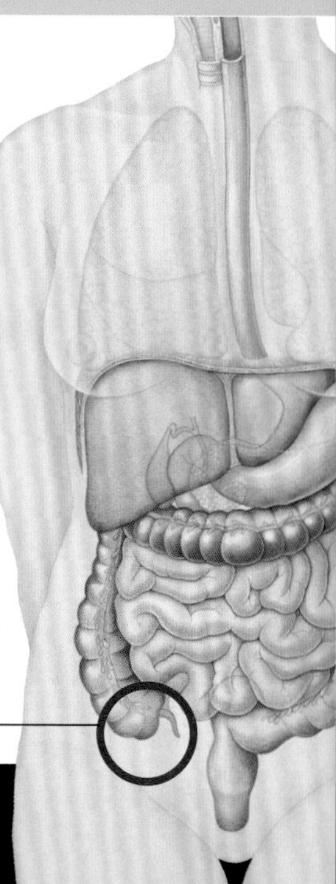

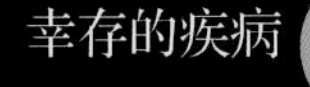

我打算围着公园跑步，把多余脂肪减掉。

太多脂肪

让我们回到人类是狩猎–采集者时，那时饮食中含脂肪和糖的食物很少。能吃大量的食物且迅速增加体重的人有利于在饥荒中幸存。今天，食品极大丰富，但我们的身体仍然“要求”能吃多少就吃多少。因为没有进行足够的锻炼燃烧多余的脂肪和糖，人类现在面临着肥胖、糖尿病及心脏病问题。

击败病菌

许多人类疾病都是细菌造成的。自然选择有利于细菌繁殖，因为它们每15分钟就能复制一次，并在短短的一天之内演变成新的菌株。抗生素帮助我们抵抗感染，但也因扼杀弱菌株助长了细菌的演化。这给我们留下了极其难以控制的种种抗药性细菌。

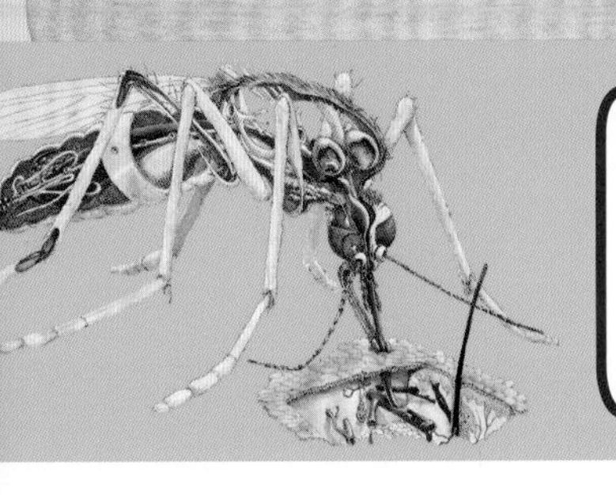

阿嚏！

我们的免疫系统是一种用来抵御**入侵生物**体的机制。它所产生的被称为抗体的分子，会粘住入侵者以便白细胞将其吞没。有时，系统进入反应*过度状态*，对无害的东西，如花粉或花生，产生过敏反应。这可能***非常危险***。科学家希望能研制出一种药物，以防止这些**致命**的过度反应。

打喷嚏是一种过敏性反应。它能以150千米/时的速度将刺激物喷出体外。

仍在进化

复杂生命形式的进化是一个难以置信的缓慢过程，很难看到它的行动。

变得更好？

从形体上看，人体的外观和功能在过去的50 000年中似乎变化不大。然而，饮食的改善和发达地区丰富的食物，已经使我们变得比我们最近的祖先更高更胖。人类的寿命更长，人口数量也在增加，因此基因库获得突变比以往任何时候都更快。但现在，

我想要一个女孩，蓝眼睛、棕色头发。

遗传选择

通过允许人们选择他们的孩子生来就有什么样的特征，如智商或头发颜色，新技术可能会更迅速地影响人类的进化。这可能产生伦理问题：我们是否应该努力消除“不想要的”特性，如攻击性或遗传疾病，还是应该将它们保留在基因库中。

特异功能

我们没有任何超级英雄，比如能飞或不依靠仪器的帮助就能透视墙壁，然而未来有一天会不会发生呢？人类要是能飞，我们的基因大概要有许多改变才行。一种性状的基因一旦失去，不可能被重新引入，且我们最后的隐含翅膀的祖先，进化成的是蝙蝠而不是蝙蝠侠。

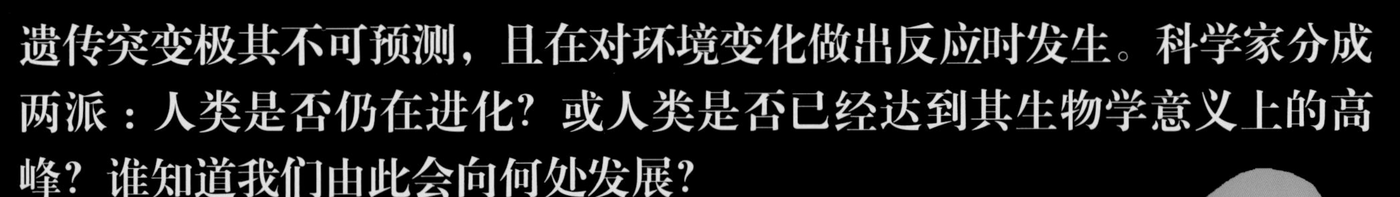

遗传突变极其不可预测，且在对环境变化做出反应时发生。科学家分成两派：人类是否仍在进化？或人类是否已经达到其生物学意义上的高峰？谁知道我们由此会向何处发展？

我们对环境已经有了更多的控制，其他事情可能会开始推动进化。我们现在可以利用生物技术改变我们的基因，因此我们的未来可能会掌握在我们自己手中。

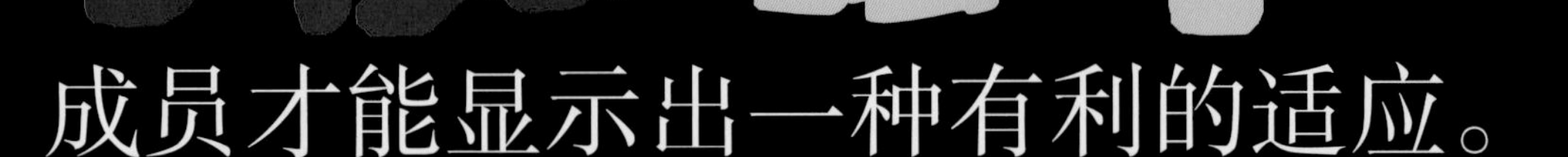

成员才能显示出一种有利的适应。

终极上传

科学或许会指给我们一条可行的路径，就是人与技术的结合。我们已经开始利用仿生学，以取代有缺陷的肢体和器官。也许有一天能够把芯片植入大脑以弥补失语症或视觉障碍，或使我们能够做我们不擅长的事情。想象一下，上传一个新的学习方案，而不用做功课！

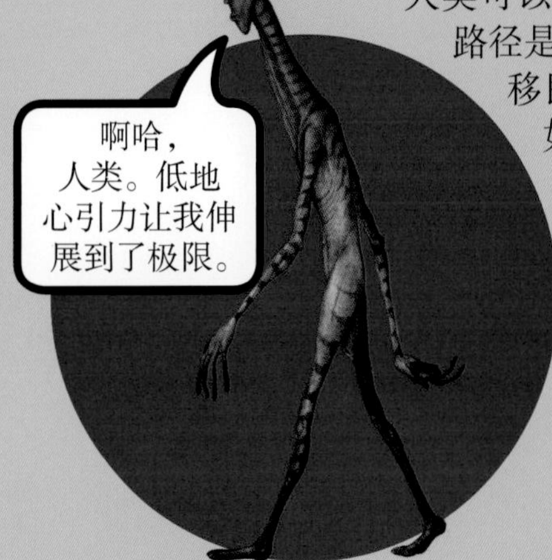

生活在其他星球上

人类可以采取的另一种新的进化路径是，我们移民于其他星球。移民将面临新的环境条件，如地心引力低或缺乏氧气，这需要新的适应。经过几个世纪，移民（以及他们携带的任何动物和植物）可能会演变出不同的外表、思维方式和行为方式。

词汇表

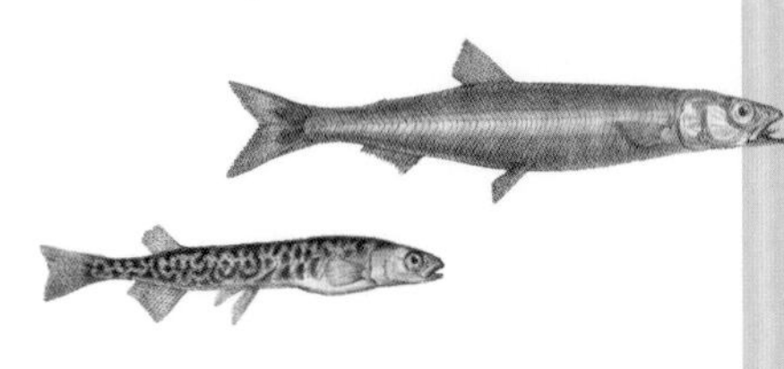

致谢

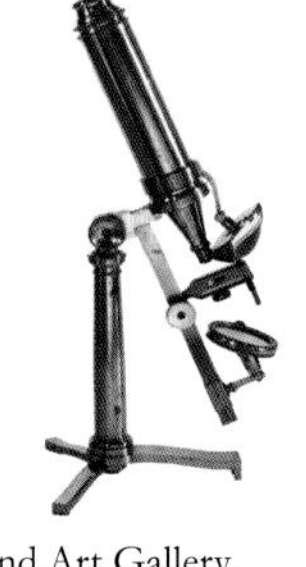

Dorling Kindersley would like to thank Penny Smith for editorial help with this book and Peter Bull for the illustrations on pages 72 and 73.

The publisher would like to thank the following for their kind permission to reproduce their photographs:

(Key: a-above; b-below/bottom; c-centre; f-far; l-left; r-right; t-top)

akg-images: Erich Lessing 10cra; Alamy Images: APIX 30b; Arco Images / W. Dolder 81bl (hyrax); Erwan Balanca / Jupiterimages / Stock Image 31tr; David Ball 24cb; Peter Barritt 52cra; birdpix 52c; blickwinkel 49bl; Brandon Cole Marine Photography 35br; Nigel Cattlin 58-59; David Chapman 53cr; FLPA 53fbl; Chris Fredriksson 48cr; Bob Gibbons 29bc; Nick Greaves 77cla; Tim Hill 28tr; David Hosking 48c; Interfoto Pressebildagentur 12cla; Janine Wiedel Photolibrary 40bl; Piotr & Irena Kolasa 79clb; Dennis Kunkel / Phototake Inc. 90cl; Lebrecht Music and Arts Photo Library 5cla, 21cb, 24cla; The London Art Archive 13cr, 19clb, 25crb, 36crb; Celia Mannings 74br; Mary Evans Picture Library 11b, 15tl, 17bl, 20bc, 30tr, 38 (Emma Darwin), 38cra, 42clb, 43tr; moodboard 60tr; Keith Morris 91br; Tsuneo Nakamura / Volvox Inc. 34-35b (water); Natural History Museum, London 36clb; The Natural History Museum 24tl, 83br; Nature Alan King 67cla; North Wind Picture Archives 23tc, 38c (Darwin); Old Paper Studios 38-39t (piano); Ian Paterson 10cla; Paul Thompson Images 53cra; Miguel Angel Muñoz Pellicer 12cra; Photodisc 67b; Phototake Inc. 66c; The Print Collector 15cr, 20br, 27cr, 30cra (Malthus), 72bl; Robert Harding Picture Library Ltd 54cr; David J. Slater 53br; David Tipling 32cr; Jeff Tucker 27cl; Rob Walls 18cl; Dave Watts 73cra; WorldFoto 77cra; Ardea: Chris Harvey 59tr; Steve Hopkin 58ca, 58cb; The Art Archive: Gemaldegalerie, Dresden 11t; Auckland Museum: 25cl; British Library: 85tl; Corbis: Heide Benser / zefa 47br (freckles); K. & H. Benser / zefa 74bl, 75clb, 75crb (rafts); Tom Brakefield 76ca; Tim Davis / Davis Lynn Wildlife 11cl; Nigel J. Dennis / Gallo Images 76cra; DLILLC / Davis Lynn Wildlife 48br; Historical Picture Archive 17ca; Images.com 92br; Peter Johnson 75ca (tenrec); Frans Lanting 2fcrb, 3clb (Psilotum nudum), 65bl, 68cr; Joe McDonald 76cla; moodboard 61crb; Arthur Morris 77clb; Jim Richardson 61tr; Galen Rowell 75br; Staffan Widstrand 77ca; Reproduced with permission from John van Wyhe ed., The Complete Work of Charles Darwin Online (http://darwin-online.org.uk/): 6 (sidebar), 6bc, 6br, 6ftr, 6t (frogs), 6tl, 6tl (fish), 6-7bc, 7 (sidebar), 7bc, 7br, 7ftl, 7ftr, 7tl, 7tr, 15br, 16bl (book, 16tl, 17bc (chimp), 17bc (expressions), 17br, 18bc, 18tl, 19 (moths), 19tl, 20, 22b (chart), 22ca (Beagle), 22-23bc, 23br, 23cl, 23tl, 23tr, 25cr, 30-31 (b/w frogs), 37cr (insert), 37crb, 54cl, 72-73 (diagram background), 94br, 94cl, 94crb, 94fcra, 94tr, 95bl, 95br, 95cra, 95fbl, 95tl; DK Images: Booth Museum of Natural History, Brighton 74fcl (platypus); Philip Dowell 79tr; Hunterian Museum and Art Gallery, University of Glasgow 69ca; London Butterfly House, Syon Park 21t (butterflies), 95cb; Sonia Moore 27b (boxes); Natural History Museum, London 3clb, 5tl, 14cb, 15clb, 25bl, 33cb (bumble bee), 71bc, 78clb, 84cla, 84clb, 84cra, 84crb, 85cla, 96tl; Oxford University Museum of Natural History 31tl; Rough Guides 10l (vegetation); Royal Geographical Society, London 18tr; The Science Museum, London 19cla, 21l (flask), 96tc; The Home of Charles Darwin, Down House (English Heritage) 26tl; The Home of Charles Darwin, Down House (English Heritage) / Natural History Museum, London 22clb; Barrie Watts 53bl; Jerry Young 74fclb (echidna); Reprinted with permission from Encyclopædia Britannica, © 2005 by Encyclopædia Britannica, Inc.: 55 (finches); The English Heritage Photo Library: 18c, 26cl; By kind permission of Darwin Heirlooms Trust 20tr; Getty Images: American Images Inc. 47c (dimples); Torbjorn Arvidson / Nordic Photos 60b; Bettman 85cb; The Bridgeman Art Library 8-9, 9bl (monkey), 14-15b, 22cl, 22tr, 22-23c (sea), 33tl; Alice Edward / Stone 34tl (jar); Jamie Grill / Iconica 90cla; Hulton Archive 20crb; Jeff Hunter / Photographer's Choice 60ca; John Lamb / Stone 61tl; Régine Mahaux / Riser 10br (man); Mark Moffett / Minden Pictures 54br; Jeff Sherman 93bl; Scott Sroka / National Geographic 63br; ZSSD / Minden Pictures 50cb; Matthew Harris / John F. Fallon at the University of Wisconsin-Madison: 62bl; iStockphoto.com: Roman Kobzarev 32c; Alexandre Zveiger 47bl (hand); Courtesy Thomas J. Lemieux: 73tl; Mary Evans Picture Library: 16b (Huxley), 16b (Wilberforce), 16cr, 21bl, 21c; Sean McCann: 79bc; National Library Of Scotland: Reproduced with permission of the Trustees of the National Library of Scotland 16cl; The Natural History Museum, London: 23bc, 26bl, 26crb, 26tr, 27cla, 27cra, 67tc; PA Photos: Barry Batchelor / PA Archive 51bl; Dr Andrew Pask: 63ca; Photolibrary: Nicholas Eveleigh / Digital Vision 26-27c, 84-85b; Nick Koudis / Photodisc 47fbr; Oxford Scientific (OSF) / Carlos Sanchez Alonso 53cl; Photodisc 37; PureStock 77fcra; Stockbyte 91tl; Photoshot: Mark Fairhurst / UPPA 27fcl; Science Photo Library: 15cra, 51tl; Michael Abbey 67cl; Mauricio Anton 87tr; Sally Bensusen 69br; Annabella Bluesky 47cl; Tony Camacho 50bl; Michael Clutson 49cb; Ted Clutter 70cl; CNRI 49ca; Lynette Cook 66ftl, 67cr; Darwin Dale 58crb; Christian Darkin 70bl, 83bc, 83c; Dept. Of Clinical Cytogenetics, Addenbrookes Hospital 47cl, 47crb, 47fclb, 47fcrb; Georgette Douwma 34bl, 66cr; Pascal Goetgheluck 86tl, 87bl (skulls); Patrick Lynch 34fbl; Dr P. Marazzi 50br; Tom Mchugh 34br; Mark Miller 87crb (brain); Dr G. Moscoso 64tl; Pasieka 44crb; Raul Gonzalez Perez 34tl, 34tl (eye balls); Philippe Plailly / Eurelios 3bc (modern man), 71fcrb; Philippe Psaila 45clb; Nemo Ramjet 3br, 93bc; James H. Robinson 50c; P. Rona / OAR / National Undersea Research Program / NOAA 66tl; Kaj R. Svensson 68c; Joe Tucciarone 2tl, 70cb; Lena Untidt / Bonnier Publications 58cra; L. Willatt, East Anglian Regional Genetics Service 43bc; Shutterstock: 36-37b; alle 59tl; Nick Biemans 45bc; Bryan Busovicki 39bc; Cheryl Casey 47fbl; Chiyacat 29ca; Paul Cowan 28cra; John de la Bastide 29b; Adem Demir 41tl; Miodrag Gajic 51crb; garloon 38cra (trumpet); János Gehring 72-73 (background); Gelpi 64cl; Angelo Gilardelli 41bl; GoodMood Photo 24r; Eric Isselée 5clb, 40tr; javarman 12cra (books); Adrian T. Jones 32cl; Sebastian Kaulitzki 40cl; Christopher King 36l; Oleg Kozlov, Sophy Kozlova 45crb; Kudryashka 76-77 (globes); Timur Kulgarin 18bl; Sergey Lavrentev 45cb; LiveStock 88-89b; Maugli 25; Najin 75t (paper); Andrei Nekrassov 34fbr; Donald P. Oehman 39clb; Kirsty Pargeter 40crb; Thomas M. Perkins 90bl; Florin Tirlea 24r (pile); Irina Tischenko 45br; Shachar Weis 29br; Still Pictures: BIOS, François Gilson 31br; SuperStock: Jaime Abecasis 9br; University of Calgary: Ken Bendiktsen / Jason Anderson 72crb; University of Chicago. Model by Tyler Keillor, photo by Beth Rooney: 72cr (Tiktaalik).

Jacket images: Front: DK Images: The National Birds of Prey Centre, Gloucestershire clb (eagle); Natural History Museum, London tl (Phiomia); Jerry Young bc (crocodile), fbl (leopard); Getty Images: Zubin Shroff / Stone+ b (background); PunchStock: Digital Vision / Y. Taro c. Back: Reproduced with permission from John van Wyhe ed., The Complete Work of Charles Darwin Online (http://darwin-online.org.uk/): cla, tl; Science Photo Library: Kaj R. Svensson br.

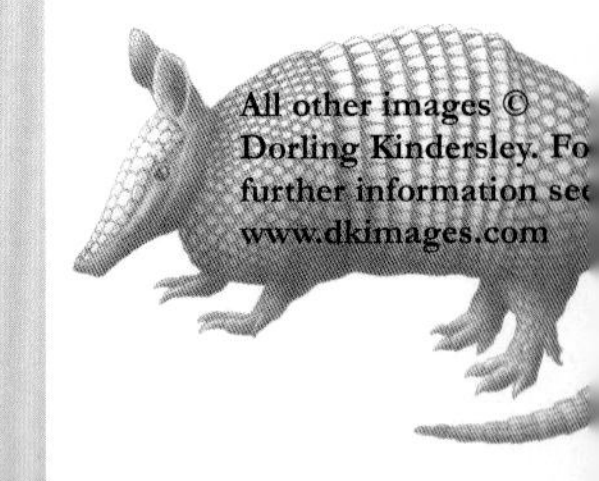